AF611185

VOYAGE
A SMYRNE,
DANS L'ARCHIPEL
ET L'ILE DE CANDIE.

Peik. Baltadji. Le Sultan escorté de ses Itch-Oglans, des Capidjis-Bachis, des Baltadjis et des Peiks, suivi du [illegible] Aga (Porte Épée) du Khaznadar-Aga (Trésorier) [illegible] Aga, Chef des Eunuques noirs.

MARCHE DU SULTAN DANS LES SOLEMNITÉS DES DEUX BAÏRAMS. 2e Partie.

VOYAGE A SMYRNE,

DANS

L'ARCHIPEL ET L'ILE DE CANDIE,

En 1811, 1812, 1813 et 1814; suivi d'une Notice sur *Péra* et d'une Description de la marche du *Sultan*.

PAR J. M. TANCOIGNE,

Attaché en 1807 à l'Ambassade de France en Perse, et depuis Interprète et Chancelier du Consulat de la Canée;

Ouvrage orné de deux gravures, chacune quadruple du format in-18, et représentant le Cortège du Sultan, d'après un dessin colorié de M. MELLING.

TOME SECOND.

PARIS,

NEPVEU, Libraire, Passage des Panoramas, n°. 26.

1817.

VOYAGE
A SMYRNE,
DANS L'ARCHIPEL
ET L'ILE DE CANDIE.

PAYSANS, AGRICULTURE, CLIMAT, PRODUCTIONS ET COMMERCE.

La plus misérable des conditions est, sans contredit, celle des paysans grecs de l'île de Candie. Ne possédant, pour ainsi dire, rien en propre, soumis à tous les caprices de leurs *agas* ou seigneurs, à la brutalité de leurs *sou-bachi* (1), et

(1) Les *sou-bachi* sont, dans les villages de l'île de Candie, les intendans des seigneurs qui viennent y passer la belle saison. Leur

à des corvées pénibles et journalières, qui, jointes au nombre prodigieux des fêtes dont nous avons parlé, réduisent à peu de chose leurs moyens d'existence : tel est le sort de ces malheureux, qu'on peut, sous quelques rapports, comparer aux serfs de la Pologne et de la Russie. Au premier appel de l'*aga*, qui veut réparer sa maison, ou en bâtir une nouvelle, ses vassaux doivent abandonner leur travail, pour fournir, transporter et mettre en œuvre, à leurs frais, tous les matériaux néces-

---

charge a quelque analogie avec celle des anciens baillis de nos campagnes ; mais leur autorité est en même temps civile et militaire. Il ne faut pas les confondre avec les officiers du même nom, chargés du maintien de la police dans plusieurs villes de l'empire Ottoman.

saires. La récolte d'un autre est-elle terminée ? les habitans de son village sont forcés de la lui acheter sans délai, au prix qu'il lui convient d'établir. Le moindre murmure, la moindre résistance à des ordres aussi arbitraires coûtent à ces infortunés d'horribles avanies, une cruelle bastonnade et quelquefois même la vie, sans qu'il y ait pour eux aucun recours contre une aussi odieuse oppression. Un esclave arabe se querellait un jour avec un paysan grec ; ce dernier, dans sa colère, ayant traité le nègre d'esclave : « je suis, répondit-il, l'esclave d'un « seul maître ; et toi, tu es celui de « tous les Musulmans. » Cette réponse suffirait seule pour donner la mesure de l'affreuse servitude où gémit cette partie de la population

Malgré la terreur continuelle que

lui inspire le barbare *sou-bachi*, toujours armé de pistolets et de poignards, le paysan candiote est l'homme du monde le plus insouciant et le plus gai. S'il peut, huit jours de suite, travailler librement pour son compte, il revient joyeusement à son village, boire et manger, dans un dimanche, le fruit d'une semaine entière de peines et de fatigues; il oublie pour un moment, au sein de sa famille et de ses amis, tout ce qu'il a souffert la veille, il cherche à s'étourdir sur ce qu'il doit souffrir le lendemain; mais les vapeurs du vin sont-elles dissipées? il sent plus que jamais tout le poids de sa chaîne : son bonheur n'est plus qu'un songe, et son réveil est toujours celui du malheureux.

L'état languissant de l'agriculture dans l'île de Candie, est la conséquence naturelle de l'oppression du cultivateur. Partout où, privé de sa liberté et sous la dépendance d'un maître ardent à spéculer sur sa sueur et sur son existence, l'habitant de la campagne est incertain de recueillir le fruit de ses travaux, il est sans vigueur, et pressé de jouir, et plus porté à l'ivrognerie et à tous les vices, qu'au travail et à l'industrie. Toujours en proie aux alarmes, le paysan candiote ne sème que la quantité d'orge nécessaire à sa consommation, et cueille ses fruits encore verts, dans la crainte qu'un moment plus tard, un autre ne vienne les lui arracher.

La population de l'île de Candie ne s'élève pas aujourd'hui à plus de trois cent mille âmes (1). Sa longueur est

(1) Environ 150,000 turcs, 150,000 grecs, et 4 ou 500 juifs.

d'environ quatre-vingt-dix lieues, de l'est à l'ouest, et sa plus grande largeur, de quinze lieues, du nord au sud. A raison des sinuosités de la côte, on peut estimer son circuit à près de deux cent cinquante lieues.

Le climat est sain et agréable ; jamais on n'y ressent les rigueurs de l'hiver, et les vents du nord y viennent régulièrement tempérer les chaleurs de l'été.

Peu de maladies affligent cette belle contrée ; la lèpre seule paraît s'être spécialement attachée à une classe indigente et peu nombreuse, chez laquelle l'insouciance du gouvernement la laisse se propager sur des générations entières. Un moyen bien simple suffirait cependant pour en arrêter les progrès ; en interdisant les mariages et toute communication entre les lépreux, on parviendrait peut-être à extirper le germe de cette affreuse maladie, qui depuis long-temps semble concentrée dans les mêmes familles (1).

Quelquefois aussi la peste y vient exercer ses ravages. Celle de Constantinople s'y naturalise difficilement. La plus dangereuse est celle qu'on lui apporte de l'Egypte.

PRODUCTIONS. — Le sol de Candie est généralement aride et montagneux; mais, dans les plaines et dans les

(1) J'ai ouï dire que la lèpre n'attaquait jamais celui qui n'avait aucune communication avec les lépreux; cependant il serait possible que la mauvaise qualité des alimens dont se nourrissent les Grecs, surtout dans leurs carêmes, contribuât à la propagation de cette maladie. Je m'abstiendrai de prononcer sur une question qui est essentiellement du ressort de la médecine.

vallées, la terre est excellente, et prodiguerait toutes ses richesses à une nation plus industrieuse. Les myrtes, le laurier rose, le thym et le serpolet se plaisent et croissent naturellement au milieu de ses rochers; parmi les herbes aromatiques, on distingue le *ladanum* et le *dyctame*.

Le premier est une gomme visqueuse, produite par la rosée, qui s'attache aux branches et à la tige d'un petit rosier sauvage; on le recueille au printemps avec des fouets, dont Tournefort a donné la description.

Le *dyctame* ne se trouve que dans l'île de Candie. C'est une plante cotonneuse et blanchâtre, dont l'infusion est stomachique et agréable au goût. Elle est excellente dans les indigestions, et bien préférable au thé, en ce qu'elle n'irrite point les nerfs et ne fatigue point l'estomac. Le *dyctame* de Crète était un remède universel chez les anciens grecs qui le croyaient propre à toutes les maladies.

L'île de Candie réunit presque toutes les productions des pays froids et celles des pays chauds : les unes viennent dans les plaines, et les autres sur les montagnes. Les pommes, les châtaignes, les poires, les cerises et tous les fruits y sont, comme les végétaux, d'une qualité médiocre ; mais on doit excepter de cette règle générale des melons délicieux, des oranges, des citrons et des cédrats qui l'emportent sur ceux même de *Scio*. La chasse et la pêche y sont des plus abondantes. Ses marchés sont remplis de toutes sortes de gibiers, tels que lièvres, perdrix, bécasses, bec-figues et tourterelles sauvages qui s'y vendent au plus bas prix ; le poisson y est seul fort cher, vu les taxes énormes dont il est imposé.

Si elle recevait toute la culture dont elle est susceptible, cette île pourrait suffire elle-même à la subsistance de sa population actuelle. Elle y suffirait pendant plus de la moitié de l'année, si elle était aussi peuplée que le comporte l'étendue de son territoire : dans son état actuel, à peine peut-elle nourrir ses habitans pendant quatre mois. Le meilleur blé du pays, celui de *Messara*, plaine voisine de la ville de *Candie*, est toujours accaparé par des pachas avides qui le vendent aux Anglais, aux mépris des défenses réitérées de la Porte, et, au détriment de leurs administrés, obligés d'acheter à grand frais, de l'étranger, cette denrée de première nécessité, que leur fournirait abondamment leur sol, s'il était en de meilleures mains.

La seule richesse de Candie consiste dans ses oliviers, qui, cultivés avec plus de soins, rapporteraient à leurs propriétaires un profit double de celui qu'ils en retirent; toute son industrie se réduit à la fabrication du savon.

La récolte des olives commence au mois de novembre, et ne finit qu'au mois de mars. On emploie à ce pénible travail de pauvres paysans des deux sexes, dont le salaire est un mistache (1) d'huile sur cinquante.

Les olives sont ramassées au pied de l'arbre, à mesure que leur maturité les fait tomber d'elles-mêmes. Transportées au moulin, on les broie sous des meules de pierre ou de marbre : et lors-

(1) Le mistache est la mesure des liquides, en usage à la Canée.

qu'elles ont subi cette première opération, on les réunit en gâteaux ronds et épais de trois ou quatre pouces, qu'on enveloppe d'un léger tissu de joncs; c'est dans cet état qu'elles sont mises au pressoir. L'huile coule par une rigole dans plusieurs bassins, d'où elle est bientôt retirée pour passer dans des jarres de terre, ou dans des outres de peau de chèvre. Cette première huile s'appelle en grec *agouro-lado*, ou huile vierge : c'est la plus délicate et la plus chère.

Ces mêmes gâteaux, et les noyaux eux-mêmes, sont une seconde fois broyés sous la meule; on remet enfin le tout au pressoir, jusqu'à ce qu'il n'en sorte plus aucune liqueur. L'huile qu'on obtient, dans cette dernière opération, est de beaucoup inférieure à la première : les pauvres sont les seuls qui en fassent usage, pour assaisonner leurs alimens. On la réserve en général pour les lampes et pour les fabriques de savon.

L'huile d'olive est ici un article de première nécessité. Elle remplace le beurre, dans la cuisine des Turcs et des Grecs ; elle tient lieu de chandelle et de bougie pour l'éclairage de leurs maisons. Le renchérissement de cette denrée occasionne souvent des émeutes populaires : le peuple se presse alors autour du palais du pacha, et ne désempare que lorsque ce gouverneur en a fait diminuer le prix. Il existe aujourd'hui une nouvelle taxe en faveur des pauvres, à laquelle sont sujets tous les navires étrangers qui chargent de l'huile d'olive dans le port de la Canée.

On peut attribuer la hausse des

huiles à trois causes : aux mauvaises récoltes, aux trop fortes exportations, et aux accaparemens des fabricans de savon.

On compte au moins quarante-cinq savonneries dans l'île de Candie. Les Turcs doivent, dit-on, la connoissance de cette précieuse branche d'industrie, à un marseillais que des malheurs forcèrent, il y a près d'un siècle, à s'établir dans cette contrée.

Les savons de Candie sont généralement préférés à ceux de la Canée. Les fabricans de la première de ces deux villes ne permettent point l'exportation de leurs huiles, et n'emploient que l'*agouro-lado* (l'huile vierge), que les provençaux désignent sous le nom de *lampante*. Ceux de la Canée, au contraire, plus avides et plus empressés de vendre leurs produits, y mélangent toujours la liqueur grossière qui provient du noyau de l'olive : du choix et de la bonne qualité de la soude, dépend aussi celle du savon. Les soudes d'Espagne et de la Sicile sont réputées les meilleures; celles de la Syrie et de la Barbarie sont d'une mauvaise qualité.

Plusieurs vins de l'île de Crète ne seraient pas indignes de figurer dans les caves de nos gourmets. Les meilleurs sont celui du Mont-Ida, dont le goût approche du Madère, et une *Malvoisie* du même territoire, dont la saveur serait comparable à celle du Malaga, sans les ingrédiens que les vignerons grecs ont l'habitude d'y faire entrer. Il ne manquerait à ces vins, pour les rendre égaux et peut-être supérieurs à ceux de l'Europe, que de meilleurs procédés dans la fabrication, et moins de friponnerie de la part des fabricans. On trouve des vins exquis dans plusieurs monastères ; mais les religieux assurent qu'ils ne sont pas de nature à se conserver, ni à supporter le trajet de la mer.

La province de *Sélino* et le village de *Galata* produisent également avec abondance plusieurs vins de table, qui ne le cèdent en rien à ceux des *Dardanelles* et de *Rhodosto*, exclusivement estimés à Constantinople ; mais rien n'est plus détestable que la boisson qui se débite dans les tavernes ou cabarets. C'est pourtant la seule de la plupart des grecs, qui, pour répéter ce que j'ai dit à l'article de leur carnaval, savent sur ce point se dédommager de la qualité par la quantité.

COMMERCE. — En temps de paix, la France retire de l'île de Candie, en échange des draps du Languedoc, des quincailleries, merceries, et autres denrées de son sol et de ses manufacures, une quantité considérable d'huile d'olive, qui servent à alimenter les savonneries de Marseille; mais, dans ce dernier port, l'importation des savons fabriqués est souvent défendue, ou du moins soumise au droit excessif de vingt pour cent. Dans le court espace de temps qu'elle y fut librement permise, on assure qu'on trouvait en France un bénéfice de cinquante pour cent en remettant à la chaudière les savons de Candie, dont le défaut principal est d'être trop gras et trop huileux.

Avant la dernière guerre maritime, cette île faisait avec les Français tout son commerce d'importations et d'exportations. A peine y voyait-on, dans le cours de l'année, une vingtaine de navires de Trieste ou de Venise, tandis que, dans le même espace de temps, plus de cinquante ou soixante bâtimens sortis de nos ports, ne cessaient d'aborder dans celui de la Canée. Le pavillon anglais y était à peine connu, et la place de Marseille avait pour ce riche commerce jusqu'a six établissemens dans cette ville, sans compter des facteurs à *Candie* et à *Rétimo*.

Pendant plus de vingt ans qu'a duré cette guerre, et surtout depuis qu'ils sont maîtres de Malte, les Anglais se sont exclusivement emparés de ce commerce, les établissemens français ont disparu, et Candie a cessé d'avoir des relations avec la France. Mais quelques années de paix suffiront peut-être pour rétablir les choses dans leur état primitif, et les Anglais cesseront tôt ou tard d'être pour nous des concurrens dangereux, malgré l'engouement général des Levantins pour leurs produits. Cet engouement a déjà considérablement diminué, et se détruira bientôt de lui-même, s'ils continuent à n'apporter en Turquie que des rebuts de manufactures qui s'y vendent à des prix excessifs, comparativement aux produits de l'industrie française, qu'on y trouvait de meilleure qualité, et à meilleur marché.

Dans les cinq années qui viennent de s'écouler, Malte retirait de l'île de Candie, une prodigieuse quantité de savons fabriqués, dont elle trouvait difficilement à se défaire; la cessation des hostilités a depuis ralenti ce genre de spéculation, qui doit désormais se diriger vers la France, et tourner au profit des manufactures de Marseille. La Sicile, de son côté, n'exporte annuellement de la Canée que deux ou trois chargemens de savons qu'elle échange par le moyen des navires ottomans, contre ses soudes qui y sont fort recherchées. Le surplus se consomme dans l'île même, ou se transporte à Constantinople, à Smyrne, à Salonique, en Egypte, et dans toutes les Echelles du Levant. Je n'ai vu pendant mon séjour en Candie que trois navires anglais y charger directement pour l'Angleterre : tous les autres bâtimens, quoique sous le pavillon de cette puissance, n'étaient que des maltais, des esclavons et des ragusais destinés pour Malte et pour des ports de la Méditerrannée.

COLONIE EUROPÉENNE

DE LA CANÉE;

Hadji-Turk-Osman-Pacha, Gouverneur de cette ville, et *Sérasker* de toute l'île de Candie.

La France entretient un consul à la Canée, et un vice-consul à Candie. L'Angleterre et l'Autriche se font représenter dans la première ville par des vice-consuls; et la Russie, quoiqu'elle ait fait depuis long-temps sa paix avec la Porte Ottomane, n'y avait pas encore d'agent commercial à la fin de 1814.

Le consul de France jouit seul de la prérogative d'arborer sur sa maison le drapeau de sa nation. Tous les efforts des autres consuls pour obtenir le même avantage ont été, jusqu'à ce jour, inutiles et sans effet.

La colonie européenne de la Canée se réduisait, à l'époque citée plus haut, à trois facteurs de différentes maisons de commerce de Marseille (1). Un religieux romain dessert leur petite chapelle qui est sous la protection de la France.

Le voyageur, conduit à la Canée par ses affaires ou par la curiosité de voir un beau pays, y trouvera peu de ressources et d'agrémens, sous le rapport

(1) J'ai su, depuis mon retour en France, que le commerce de Marseille venait de fonder à la Canée deux nouveaux établissemens, à l'instar de ceux qui existaient autrefois dans cette ville.

de la société; mais il y jouira du moins de la tranquillité la plus parfaite, et de la sûreté de sa personne et de ses biens: c'est à *Osman-Pacha* qu'il sera redevable de ce dernier avantage.

Hadji-Turk-Osman-Pacha, tombé depuis quelques années dans la disgrâce du Grand-Seigneur, avait servi dans la dernière guerre contre les Russes, et siégé à Constantinople dans le divan. Dépouillé de tous ses biens, et relégué dans un village du golfe de Salonique, il y paraissait condamné à un éternel oubli, lorsque le sultan, alarmé des progrès de l'insurrection qui se manifestait de toutes parts dans l'île de Candie, fit choix de ce gouverneur, pour ramener à la soumission une province qui déjà marchait à grands pas vers l'indépendance. *Hadji-Osman-Pacha* reçut dans sa retraite la nouvelle que le souverain lui rendait ses bonnes grâces, et le nommait au *Pachalik* de la Canée : il arriva à la Sude au mois de septembre 1812, sur une corvette de guerre du Grand-Seigneur.

Sa tâche était difficile à remplir : son prédécesseur y avait échoué. Il fallait lutter contre l'esprit d'insubordination qui avait gagné et gagnait journellement toutes les classes. Il commença cependant son ouvrage sous les plus heureux auspices. Sa conduite, d'abord juste et pleine de fermeté, lui attira bientôt l'estime générale : les méchans tremblèrent, et les gens de bien conçurent l'espoir d'un plus heureux avenir.

Osman fit à son arrivée rechercher tous les assassins, qui de puis quelques années infestaient la ville et son territoire. Plus de soixante tombèrent sous au glaive exterminateur, un plus grand nombre parvint à se soustraire par la fuite à son inexorable justice. Dans l'espace de trois mois, il rétablit enfin la tranquillité et le pouvoir des lois dans un pays qui semblait ne plus en reconnaître d'autres que celui des chefs de parti qui le déchiraient.

Pendant l'hiver de la même année, un des riches feudataires de l'île, vieillard plus qu'octogénaire, nommé *Jénitchéraki*, ayant fait évader son fils, accusé d'assassinat et de rebellion, le pacha ordonne qu'on s'assure de la personne du père. Ce malheureux n'écoutant que son désespoir, se renferme dans son château avec tous ceux de ses paysans qu'il peut rassembler, parvient à se procurer des armes et des munitions, et se déclare en révolte ouverte contre le gouverneur.

Osman-Pacha, éprouvant pour la première fois de la résistance, sort sans délai de la Canée, avec deux pièces d'artillerie et quelques centaines de soldats, et vient en personne attaquer *Jénitchéraki* jusque dans sa retraite. Pressé de tous côtés, le vieillard ne tarde pas à tomber entre les mains de son ennemi; son château est rasé, et lui-même, ignominieusement conduit à la ville, est étranglé dans le *Sou-Koulé*, sans la moindre forme de procès.

La terreur et l'épouvante se répandaient de toutes parts. Les crimes les plus anciens, ceux qu'on croyait oubliés, étaient recherchés et punis immédiatement avec la même sévérité que les plus récens, et les coffres du pacha se remplissaient des dépouilles de toutes ses victimes.

Cependant *Osman* faisait bâtir à ses

...ouveau bain dans la ville, et faisait réparer le fanal et la muraille de clôture du port.

Une conduite aussi énergique que soutenue, dans une île que le sultan regardait déjà comme perdue pour sa couronne, lui valut bientôt une nouvelle marque de la bienveillance de ce monarque, qui joignit à son gouvernement celui de *Rétimo*, dont le pacha fut envoyé dans une autre province.

A dater de cette époque, il fut permis de pénétrer les vues secrètes d'*Osman-Pacha.* L'avidité et l'envie de s'enrichir promptement remplacèrent tout-à-coup chez lui la justice et la droiture, et il oublia bientôt les intérêts de son maître, pour ne plus penser qu'aux siens propres.

Jusqu'alors il avait négligé de punir les grands criminels. Les plus riches propriétaires de la Canée, presque tous compromis par d'anciens délits, et plus coupables encore que ceux dont le pacha venait de faire des exemples si éclatans, parvinrent à racheter leur vie et leurs fortunes par des sacrifices d'argent considérables. Les moins opulens tombèrent sous ses coups. Lorsqu'il n'eut plus rien à prendre aux grands, il commença à ruiner, par des avanies, la classe indigente et tranquille.

Le plus léger prétexte suffisait pour être dépouillé et mis à mort. Deux malheureux grecs s'étant enivrés un jour de fête, et l'un d'eux ayant tiré, dans l'intérieur de sa maison, un coup de pistolet chargé à poudre, il eut la barbarie de les faire pendre le lendemain à la porte de la ville, le premier avec sa lyre, et le second avec un pistolet attaché à son cou.

Mais voici l'affaire qui lui fit le plus de tort dans l'esprit des Musulmans :

Hadji-Emin-Efendi, *oulema* ou homme de loi d'un âge très-avancé, aussi riche qu'avare et opiniâtre, refusait constamment d'offrir au pacha le présent que lui font, au sujet de sa bienvenue, les principaux habitans de la ville qui ne veulent pas être inquiétés; sa famille l'avait plus d'une fois conjuré de prévenir, par un don quelconque, le fâcheux éclat que produirait tôt ou tard une plus longue résistance.

Hadji-Emin-Efendi se refusa aux plus pressantes sollicitations; il disait ouvertement qu'en sa qualité d'*ouléma*, il n'avait rien à redouter du pacha qui se garderait bien d'attenter à sa vie ou de toucher à ses biens (1).

(1) Les *oulémas*, ou hommes de loi, ne peuvent être ni mis à mort, ni dépouillés

La suite ne tarda pas à lui prouver toute la fausseté de son calcul, et combien il était dangereux de heurter de front un homme aussi vindicatif qu'*Osman*.

Le pacha le dénonça bientôt au Grand-Seigneur, comme un des principaux instigateurs des troubles qui avaient existé à la Canée, et comme ayant naguère recélé dans sa maison un des assassins qui désolaient la ville. Ce vieillard fut, un matin, enlevé au

---

judiciairement de leurs biens; on voit cependant, par l'exemple de *Hadji-Emin-Efendi*, qu'ils ne sont pas plus que les autres musulmans, à l'abri des vengeances particulières.

C'est de la classe des *oulémas* qu'on tire les *imans*, ou prédicateurs des mosquées; les *muphtis*, les *cadis*, etc., etc.

milieu de sa famille, et embarqué sur un navire qui le transporta à Constantinople; les scellés furent mis sur ses biens; et à son arrivée dans la capitale il fut jeté dans les prisons du *bostandji-bachi*, sans que depuis on ait eu de ses nouvelles.

Le Grand-Seigneur nomma peu de temps après *Osman*, *sérasker* ou gouverneur-général de tout le royaume de Candie; et ce pacha se mit immédiatement en marche pour aller établir sa résidence dans le chef-lieu de l'île.

Arrivé à *Rétimo*, il apprit que les habitans de Candie, informés des vexations qu'il ne cessait d'exercer dans ses deux *Pachaliks*, refusaient ouvertement de le recevoir. Grande fureur de la part d'*Osman-Pacha*; sommations sur sommations à cette ville de se ranger à l'obéissance, si elle ne veut éprouver tout le poids de sa colère. Pour toute réponse, ses envoyés sont honteusement chassés, et on leur fait même des menaces de leur ôter la vie, s'ils osent reparaître. *Osman* prend alors le parti d'expédier un de ses officiers à Constantinople, et d'attendre à *Rétimo* de nouveaux ordres du Grand-Seigneur et un renfort de soldats.

Ce retard devint une véritable calamité pour les habitans de cette dernière ville, aux frais de laquelle il se fit bâtir un palais, et qui furent bientôt, comme ceux de la Canée, réduits à la dernière extrémité par ses nombreuses exactions.

Plusieurs *fermans* du Grand-Seigneur arrivèrent coup sur coup à Candie. Le sultan menaçait chaque fois les Candiotes de toute sa vengeance, s'ils refusaient plus long-temps de recevoir au milieu d'eux le chef de son choix. L'exaspération était alors à son comble dans cette ville contre le pacha; on y recevait journellement la nouvelle des tyrannies qu'il exerçait à *Rétimo*, et l'on y craignait d'autant plus pour soi-même. Les habitans de Candie protestèrent contre tous ces *fermans*, et déclarèrent qu'ils s'enseveliraient plutôt sous leurs ruines que d'obéir; et le Grand-Seigneur, soit crainte de compromettre plus long-temps son autorité, soit que les plaintes qui lui parvenaient de toutes les parties de l'île contre *Osman* lui eussent enfin ouvert les yeux, se vit dans la nécessité de céder et de nommer un autre pacha à Candie.

Hadji-Turk-Osman-Pacha fut de nouveau réduit à ses deux gouvernemens de la *Canée* et de *Rétimo*, qu'il possédait encore à la fin du mois de décembre 1814.

La Canée jouissait toujours à cette époque de la plus parfaite tranquillité. Puisse le repos de ce malheureux pays être de longue durée, et puisse le successeur d'*Osman-Pacha* lui ressembler par sa fermeté et son énergie, sans avoir son insatiable avidité !

FIN DU VOYAGE EN CANDIE.

NOTICE

SUR

PÉRA ET SES ENVIRONS.

NOTICE SUR PÉRA

ET

SES ENVIRONS.

Péra est un faubourg de Constantinople situé sur une colline qui domine Galata, dont on peut le regarder comme une dépendance. Les Turcs le nomment *Bey-Oglou* (le Fils du Prince); nom dont on explique l'origine par le séjour qu'y firent plusieurs princes grecs de la famille impériale, pendant le siége de Constantinople.

Péra signifie en grec vulgaire, *en face, de l'autre côté, vis-à-vis.* On peut rapporter l'étymologie de ce nom à la position même du lieu qui se trouve en face de la ville proprement dite, et de l'autre côté du port.

Le faubourg de Péra couronne un plateau d'où l'on découvre toute la ville, le port, la côte d'Asie, la mer de Marmara et ses îles. Cette vue est délicieuse; le mouvement continuel des navires et d'une foule de bateaux élégans, la perspective de la pointe du sérail, les coupoles des principales mosquées, leur minarêts qui s'élèvent en flèches hardies et les jardins sans nombre répandus dans la ville, rendent ce coup d'œil peut-être unique dans son genre.

Une seule rue sale et étroite, coupée par deux ou trois petites ruelles, compose le quartier franc, qu'un ambassadeur de France, homme de beaucoup d'esprit, nommait l'égoût de l'Europe :

expression d'une vérité frappante, quant au physique et au moral.

Les maisons, assez communément élevées de deux étages et bâties à la turque, c'est-à-dire, de planches de sapin et d'une terre rougeâtre mêlée de paille hachée, y sont souvent la proie des flammes, dont la plus active vigilance ne saurait préserver d'aussi frêles édifices. L'incendie de 1810 en dévora plusieurs centaines dans l'espace de quelques heures, et celui de 1811 vint achever la consternation générale en consumant la foible partie de ce faubourg qui avait échappé au désastre de l'année précédente. Péra est donc aujourd'hui un quartier absolument neuf; mais les nouvelles constructions attestent encore à l'étranger que ses habitans sont toujours dominés par le même esprit d'insouciance qui les a constamment dirigés. Nous n'en excepterons que quelques propriétaires qui, rendus plus sages par l'expérience, ou mieux conseillés, ont enfin élevé du milieu des cendres de lourdes et impénétrables maisons de pierres qui, tout en déposant contre leur mauvais goût, les préserveront, du moins à l'avenir, de l'un des plus terribles fléaux du pays.

Les édifices les plus considérables de Péra sont : le palais de France bâti, autant que le permettaient les localités, dans le goût français, le palais de Hollande et celui d'Angleterre. Le second, assis dans la plus belle position, est tout en bois, et n'attend que le premier incendie pour disparaître entièrement de dessus la surface de la terre. On remarque encore, à l'une des extrémités de la principale rue le palais de *Galata-Séraï*, espèce de collége où sont élevés les *Itch-Oglans*, ou pages du Grand-Seigneur (1). Des cuisiniers font, à la porte même de ce palais, le métier de *regrattiers* : ils offrent aux passans des *Pilaws* et autres produits de leur sa-

(1) Cette maison est dotée par le Grand-Seigneur. L'éducation des *Itch-Oglans* consiste à apprendre à lire, à écrire et à chanter. Lorsqu'ils ont terminé leurs études, ils deviennent pages du Sultan, *muezzins*, ou crieurs des mosquées impériales, et peuvent même parvenir aux premières dignités de l'état. *Galata-Séraï* renferme en outre un certain nombres d'autres jeunes gens qui apprennent à faire la cuisine, et sont destinés à devenir *achtchis* ou cuisiniers du sérail. La coiffure de ces derniers est un bonnet de de feutre de forme conique : les autres pièces de leur vêtement annoncent la plus profonde misère.

voir-faire, dont l'aspect ne peut exciter la convoitise que des *hammals* ou portefaix et des ouvriers grecs et arméniens.

Pour arriver à ce collége, il faut traverser le *Bazar* de Péra, où se trouvent réunis les boucheries, la poissonnerie et les vendeurs de fruits et de légumes. Ce passage est le plus malpropre et le plus infect de tout le quartier. Des chiens errans, de semblables à ceux qui encombrent toutes les villes turques, attirés par les immondices qui viennent aboutir à ce cloaque, mon-

---

Galata-Séraï possède une mosquée impériale, où le Sultan vient quelquefois faire le *namâz*. Il ne faut pas la confondre avec une chapelle qui se trouve dans le même établissement, et qui est réservée aux élèves-cuisiniers dont je viens de parler.

trent les dents aux passans et les étourdissent de leurs affreux hurlemens. Ils en veulent plus particulièrement aux Européens, pour lesquels il serait dangereux de franchir cet espace sans une arme défensive. Une affluence perpétuelle remplit ce marché, où l'on voit aussi des *Halvadjis*, ou confiseurs turcs.

A certains jours de la semaine, le même lieu sert de marché aux fleurs.

Péra est la résidence des ambassadeurs et autres ministres des puissances étrangères, et de toutes les personnes attachées à leurs légations. Les négocians européens ont préféré se fixer à Galata, à cause de la proximité de la mer et des douanes. Une partie de la population de ces deux quartiers se compose de ce qu'on appelle en Levant des *Francs*, dénomination sous laquelle on comprend non-seulement les véritables Européens étrangers au pays, mais encore les descendans d'originaires Français, Anglais ou autres, nés eux-mêmes dans le Levant, et que nous désignerons sous le nom particulier de Levantins. On range encore abusivement dans cette ca[illegible]rie un nombre considérable de C[illegible]t d'Arméniens qui sont parvenus à se procurer la protection des divers ambassadeurs, et se sont arrogé le droit de porter notre costume. Cette tolérance est, sans contredit, une des causes qui ont le plus efficacement contribué à porter atteinte à la considération des Européens en Turquie.

CORPS DIPLOMATIQUE.

La France, l'Angleterre et la Hollande (aujourd'hui le royaume des Pays-Bas), sont les seules puissances qui aient des ambassadeurs accrédités auprès du Grand-Seigneur ;

Les autres ministres sont :

L'internonce d'Autriche,

L'envoyé d'Espagne,

L'envoyé de Russie,

L'envoyé de Prusse,

L'envoyé de Naples,

Le chargé d'affaires de Suède,

Le chargé d'affaires de Danemarck, qui est en même-temps celui du roi de Saxe.

L'ambassadour de France a la préséance sur tous les autres, comme représentant le plus ancien allié de la Porte-Ottomane.

C'est pour cette raison que l'Angleterre n'a ordinairement qu'un simple chargé d'affaires à Constantinople, lorsque la France y entretient un ambassadeur.

Le caractère de l'internonce d'Autriche tient le milieu entre celui d'un ambassadeur et celui d'un Envoyé. On le qualifie d'*Excellence*, comme les premiers.

Les envoyés d'Espagne et de Russie occupent le premier rang parmi les ministres du même ordre.

Autrefois, le Bayle ou ambassadeur de la république de Venise était celui de tous ces ministres qui avait le plus d'autorité sur les individus de sa nation.

Il possédait, en certains cas, le droit de les condamner à mort et celui de leur faire grâce : et lorsque les Vénitiens étaient maîtres de l'île de Candie, le Bayle de la république près la Porte-Ottomane, pouvait seul révoquer la sentence portée contre un habitant de cette île, qui avait mérité la peine capitale (1).

Aujourd'hui, l'ambassadeur de France est, pour ainsi dire, le seul dont le pouvoir ait quelqu'étendue sur ses compatriotes et sur les étrangers qui ont recours à sa protection. On peut le regarder comme le gouverneur de la colonie française établie à Constantinople.

---

(1) Tavernier en cite un exemple. Voyez les Voyages de Tavernier, tom. 1., liv. 3, pag. 429 et 430 de l'édition de Rouen.

A son caractère diplomatique se réunissent des attributions administratives et même judiciaires, et le droit de punir de la prison, ou d'expulser du pays ceux qui, par leur mauvaise conduite, pourraient compromettre la considération et la dignité de la nation.

Par nos capitulations ou traités avec la Porte, il est aussi le protecteur né de tous les étrangers dont les gouvernenemens n'ont point de ministres accrédités auprès du Grand-Seigneur.

L'autorité de l'ambassadeur d'Angleterre se trouve beaucoup plus bornée, en raison des lois de son pays. Il jouit par cela même de peu de considération parmi les Anglais accoutumés à le regarder plutôt comme un protecteur à leur solde, que comme un chef immédiat. La moitié de son traitement est payée par la compagnie anglaise du

Levant qui nomme et salarie elle-même le chancelier de l'ambassade et les consuls anglais des diverses Echelles. Les diplômes que ceux-ci reçoivent de l'ambassadeur ne sont que pour la forme, et pour leur donner un titre légal aux yeux de la Porte-Ottomane et des autorités qui commandent en son nom dans les villes et ports de l'empire.

Les ministres étrangers ont à leur solde un certain nombre de janissaires, dont le devoir est de veiller à la porte de leurs palais et de les précéder lorsqu'ils se montrent en public. Ces janissaires sont de deux classes, les *Jénitcher* proprement dits, tirés des *ortas* ou régimens, et les *Jasaktchis* ou *Tatars* qui sont nuit et jour à leurs ordres, et remplissent le double emploi de gardes et de courriers. Le Grand-Seigneur n'accordait autrefois les premiers qu'aux ambassadeurs, et pendant les six premières semaines qui suivaient leur arrivée à Constantinople. Depuis quelques années, ils restent, comme les seconds, auprès de leur personne, pendant toute la durée de leur séjour.

Lorsqu'un ministre sort de son palais, pour faire une visite d'étiquette, il ne paraît que précédé d'un nombre plus ou moins grand de ces deux espèces de janissaires, revêtus de leurs habits de cérémonie, et armés de longs poignards, et de bâtons qui leur servent à écarter la foule.

Ces vis[illegible]s ont lieu à l'arrivée d'un nouvel agent diplomatique, et à l'occasion de la fête de quelque souverain. Il n'y a pas de pays où l'étiquette soit plus rigoureusement observée qu'à Péra. A son entrée dans un palais, l'ambassadeur est salué de trois coups de cloche, l'envoyé ou ministre plénipotentiaire, de deux. Les simples chargés d'affaires sont privés de ce singulier hommage.

Les visites que rendent les ambassadeurs aux ministres du Grand-Seigneur, sont de deux sortes : les visites de cérémonie et celles qu'on nomme *Tebdil* ou *incognito*. Mais ils n'ont jamais qu'une seule audience solennelle du Grand-Seigneur et une du grand-visir. La description de ces deux dernières ne se sera peut-être pas étrangère à notre sujet.

Peu de jours après son arrivée, et avant d'être admis en la présence du Sultan, un ambassadeur doit présenter ses lettres de créance au grand-visir. Un des ministres de la Porte, le *tchaouch-bachi* remplit, dans cette circonstance, les fonctions de grand-maître des cérémonies.

Sa marche est ouverte par les janissaires ; viennent ensuite divers officiers turcs, la livrée du palais, et enfin l'ambassadeur suivi de sa légation et de tous les négocians. On se rend à pied jusqu'au quai de *Tophana*, où l'on trouve des caïques ou bateaux, préparés d'avance pour le passage du port.

A son arrivée à Constantinople, l'ambassadeur est reçu dans un *kioske* où il se repose pendant un quart d'heure. On monte ensuite à cheval, et le cortége se remet en marche dans un ordre plus régulier.

Après les janissaires et les officiers de la Porte, on voit successivement défiler les drogmans, les élèves - interprètes, les secrétaires et le chancelier de l'ambassade, tous à cheval et marchant sur deux rangs. Le premier secrétaire porte dans ses mains élevées, les lettres de créance renfermées dans un sac de brocard d'or, et deux valets de pied retiennent la bride de son cheval. L'ambassadeur ferme la marche. A son entrée dans la salle d'audience, le grand-visir paraît par une porte opposée, et les *tchaouch* (huissiers) le saluent des cris répétés de *machallah!* Tous deux s'asseyent en même temps vis-à-vis l'un de l'autre, on sert le café, et l'ambassadeur prononce un discours que le drogman de la Porte rend en turc au grand-visir. La réponse de celui-ci est traduite par le premier drogman de la légation. Avant de prendre congé, l'ambassadeur est revêtu d'une riche pelisse, et les personnes de sa suite reçoivent des *chéréchés*, robes longues et traînantes, dont la forme ressemble à celle de nos dominos de carnaval.

Un mois après, l'ambassadeur se rend

à l'audience du Grand-Seigneur. Cette longue et pénible cérémonie a toujours lieu un mardi, qui est le jour du divan. La Porte saisit avidement cette circonstance, pour y déployer l'orgueilleuse supériorité que lui permettent encore de s'arroger les souverains de l'Europe.

La marche de l'ambassadeur est à-peu-près la même que dans la première entrée; seulement, il doit partir de son palais à quatre heures du matin, et attendre une heure entière dans le *kioske* dont j'ai parlé plus haut. On descend de cheval dans la première cour du sérail, et l'on entre à pied dans la seconde. Ici, le plus ignoble des spectacles est offert à l'ambassadeur, comme une preuve de la magnificence et de la grandeur du Sultan. A un certain signal, quelques centaines de janissaires, rangés en haie au fond de la cour, se précipitent sur des plats de *pilaw* semés çà et là sur la terre, et dont Sa Hautessse les gratifie toujours en pareille occasion. Les plus vigoureux et les plus adroits en enlèvent la plus grande partie, les autres, se retirent chargés de coups, et ne trouvent de salut que dans la fuite.

Ce pillage terminé, le cortège est introduit dans la salle du divan; le grand-visir et le capitan-pacha, assis sur un riche sofa, reçoivent sans se déranger l'ambassadeur qui prend place vis-à-vis ces deux personnages, sur un siége incommode et sans dossier. Il faut alors qu'il ait la patience de voir juger plusieurs causes importantes destinées à lui donner une idée de l'impartiale justice du Sultan, qui assiste en personne aux débats, dans une tribune fermée par un grillage impénétrable. Le festin qui suit les arrêts rendus par les deux grands dignitaires de l'empire est la dernière faveur réservée à l'ambassadeur, avant son admission dans la salle d'audience. Une multitude innombrable de ragoûts et de pâtisseries, servis dans de superbes porcelaines de la Chine, lui passe devant les yeux, sans qu'il ait à peine le temps d'y porter la main. Emerveillé de tant de magnificence, il sort de la salle du divan : on le revêt, au milieu de la cour, d'une nouvelle pelisse d'honneur, et on l'invite à s'asseoir sur une pierre carrée, jusqu'au moment où il lui sera permis de paraître devant le *distributeur des couronnes*.

Après une demi-heure d'attente, il est introduit devant le Grand-Seigneur. Il fait trois profonds saluts, et prononce un discours, auquel Sa Hautesse fait toujours répondre par son grand-visir.

On lui permet enfin de se retirer, et de retourner à Péra.

L'ambassadeur donne le même jour un grand dîner, qui est ordinairement suivi d'un bal.

SECRÉTAIRES D'AMBASSADE, DROGMANS, CHANCELIERS.

Le nombre des personnes employées dans les diverses légations varie du plus au moins, suivant leur importance. Une nomenclature complette de ces officiers paraîtrait trop aride. Je me bornerai donc à citer l'état ordinaire de l'ambassade de France.

L'ambassadeur, un conseiller d'ambassade (1), dont le titre seul indique sle fonctions, trois secrétaires d'ambas-

(1) Cette place fut créée en faveur du respectable M. Ruffin, aussi estimé et considéré des Musulmans, qu'il est honoré et chéri de tous les Français qui ont eu le bonheur de le connaître.

sade, quelquefois un secrétaire intime, un chancelier.

Ce dernier délivre aux capitaines des navires marchands des passe-ports, des patentes de santé et toutes les expéditions nécessaires. Il remplit, pour les Français établis dans le pays, les fonctions d'officier de l'état civil, de notaire et de juge de paix. Il instruit, en première instance, et avec des assesseurs nommés par l'ambassadeur, les procès qui s'élèveut entre les négocians : et lorsque les parties ne peuvent ou ne veulent entrer en accommodement, elles sont renvoyées devant la cour royale du département des Bouches-du-Rhône.

Tous les actes qui sortent de la chancellerie sont scellés du sceau de la légation, et légalisés par l'ambassadeur.

Les chanceliers des consulats ont les mêmes attributions.

Les drogmans sont les inteprètes des ambassades et des consulats. Leur nom est une corruption du mot arabe *terdjuman*, d'où nous avons fait d'abord notre vieux mot *truchement*, et puis celui de drogman.

La France a six Drogmans à Constantinople : trois de première classe et trois de seconde. Les drogmans de la première classe avaient douze mille francs d'appointemens, et ceux de la seconde, six mille.

L'un des trois drogmans de la première classe est désigné par le titre de premier drogman. Ses fonctions sont de la plus haute importance. C'est l'intermédiaire de l'ambassadeur et des ministres de la Porte-Ottomane dans toutes les affaires. Ce poste exige une parfaite connaissance de la langue, des usages et de la politique des Turcs.

Chacun des autres drogmans a sa partie distincte. Le second est ordinairement chargé des affaires relatives aux douanes. Le troisième se rend journellement dans les *Mehkémés* ou tribunaux, pour servir d'avocat aux Français dans leurs différends avec les gens du pays. Le quatrième est pour les affaires de la marine, et pour les relations de l'ambassadeur avec le *capitan-pacha*, ou grand-amiral. Le cinquième fait les honneurs du palais de France, avec le titre de drogman du palais. Le sixième est destiné à aider et à suppléer les autres dans ces divers services.

Il existe auprès de l'ambassade de France un établissement, qu'on appelle l'école *des jeunes de langues*, expression qui ne signifie rien en français, et qui demande une explication pour la plupart des lecteurs. Les *jeunes de langues* sont des élèves-interprètes, qui reçoivent leur éducation première en France aux frais du gouvernement, et sont destinés à remplir les places de *drogmans* dans les Echelles du Levant et à Constantinople. Après deux ou trois années d'études dans les langues orientales, on leur fait successivement parcourir les divers consulats de la Turquie, et quelques-uns deviennent ensuite drogmans de l'ambassade. Toute autre carrière leur est fermée du moment de leur admission dans l'école. Ce système peu encourageant, détruit toute espèce d'émulation parmi ces jeunes gens, auxquels l'avenir ne se présente que sous les couleurs les plus rembrunies. Renfermés dans un cercle borné d'emplois subalternes, souvent exposés, par la nature même de leurs fonctions, aux dangers de la peste, et à tous ceux qui menacent les Européens en Turquie, sans aucun espoir d'un sort plus honorable, la maladie du pays, le dégoût de leur état s'emparent de quelques-uns, et le but du gouvernement se trouve manqué.

Cet état de choses ne serait-il susceptible d'aucune amélioration ? Pourquoi refuserait-on aux seuls *jeunes de langues* le bénéfice de nos institutions actuelles ? Exilés volontairement de leur patrie, pour la servir sur une terre étrangère, voués pour longues années à la triste et pénible existence des Echelles du Levant, leur carrière n'est aujourd'hui qu'une chaîne de dégoûts et quelquefois d'humiliations. N'en doutons pas, cet établissement ne peut manquer d'attirer le regard bienfaisant et réparateur du gouvernement. Long-temps victimes de quelques intérêts particuliers, les *jeunes de langues*, familiarisés dès leur jeune âge avec la langue et les mœurs des musulmans, recevront un jour le prix de leur dévouement. Pourrait-on confier à de meilleures mains les fonctions consulaires et le soin de faire respecter le nom français chez un peuple souvent disposé à méconnaître le droit des natious !

L'Autriche est la seule puissance qui ait à Péra un établissement du même genre. Ses *jeunes de langues* font partie intégrante de la légation. Ils parviennent non-seulement aux premières places du drogmanat, mais encore à celles de secrétaires d'ambassade, de consuls, de conseillers-auliques, et même à l'internonciature.

Le corps des drogmans forme à Péra

la classe de ce qu'on appele les nobles du pays. Presque tous sont des Levantins. Vêtus à la turque, coiffés du *kalpak* ou bonnet à quatre cornes qni couvre quelquefois plus d'orgueil et d'importance encore que le turban des musulmans, ils ne marchent qu'à cheval, précédés de leurs *capi-oglans*, sorte de valets dont l'insolence est tonjours en proportion de la morgue de leurs maîtres.

Tous les amis de la considération nationale verront avec plaisir le moment où les postes des drogmanats français seront exclusivement confiés à des Français. Eux seuls sont capables de faire respecter la puissance dont ils sont les agens. Il n'appartenait qu'à la France, depuis longues années en possession, de servir de modèle aux autres pour toutes les branches de l'administration du Levant, d'en donner le premier exemple.

Nous aurons occasion de revenir plus bas sur le chapitre des drogmans.

NÉGOCIANS, MÉDECINS, CLERGÉ CATHOLIQUE DE PÉRA.

Le voisinage du port et la facilité qu'on trouve à Galata, pour emmagasiner promptement les marchandises, ont rendu ce quartier le centre du commerce des Européens de toutes les nations.

L'ordonnance de 1781 ne permettait aux négocians français de résider que dix années dans le Levant. A l'expiration de ce terme, ils devaient retourner en France, et céder la place à d'autres. Il serait à désirer que cet article totalement tombé en désuétude fût remis en vigueur. Il ferait tourner au profit de la France les fortunes que plusieurs de ces négocians acquièrent en Turquie. Il les empêcherait de se fixer définitivement dans ces contrées lointaines, d'y faire colonie, de s'y marier, d'y bâtir et d'y acheter des biens.

Aucun Français ne peut s'établir en Levant qu'en vertu d'un certificat de la chambre du commerce de Marseille, visé et approuvé par le ministère. Cette mesure ne concerne point les artisans, qui peuvent y rester un certain nombre d'années, moyennant qu'un ou plusieurs négocians se rendent leur caution.

Le corps des négocians français de Constantinople élit tous les ans deux députés, chargés du maniement et de l'emploi des fonds de la caisse nationale.

La nation française a aussi son médecin, dont le devoir est de visiter et de soigner les malades de l'hôpital de Galata.

Il y a peu de pays sur la terre où l'on attache moins de prix à la vie de l'homme. Le ciel semble avoir déchaîné d'une manière particulière sur cette contrée tous les maux sortis de la boîte de Pandore. Aux alarmes continuelles qu'inspirent la peste, les incendies et les révoltes, se joint encore à Péra et à Galata l'ignorance de ceux dont les fonctions sont de soulager l'humanité souffrante. Croirait-on que Constantinople renferme plusieurs milliers de médecins, de chirurgiens et de pharmaciens ? que, parmi ces derniers, un seul est à peine capable de comprendre une ordonnance en latin? et que, pour exercer ces professions, on n'exige ni examens, ni patentes, ni permissions (1) ? Sur ce nombre incon-

(1) On rapporte, à ce sujet, que la république de Venise, lorsqu'elle était en guerre

cevable il n'y en a peut-être pas dix qui connaissent leur état. Cette détestable faculté est un ramas de Grecs et d'Arméniens, sans études ni connaissances, qui, après avoir servi pendant quelques années d'interprètes et de valets à des médecins européens, se coiffent effrontément du *kalpak* doctoral, et, semblables à la contagion pestilentielle, répandent partout le deuil et la consternation. Cette horde meurtrière se grossit encore d'une foule d'étrangers vagabonds chargés de dettes et d'iniquités, qui viennent exploiter la Turquie, mine féconde d'argent, d'ignorance et de crédulité.

---

avec la Porte-Ottomane, commençait toujours les hostilités en lâchant sur Constantinople quelques centaines de médecins.

Il faut excepter de cette foule de charlatans un très-petit nombre de médecins instruits, et qui jouissent à juste titre de la confiance et de l'estime générales. On apprendra avec plaisir que plusieurs sont Français.

Le clergé catholique de Péra et de Galata est fort nombreux. Son chef est un prélat qui prend le titre d'archevêque *in partibus* de......, mais qui réside toujours à Constantinople. Cet archevêque a sous ses ordres un chancelier, plusieurs vicaires et un nombre très-considérable d'abbés séculiers, établis à domicile fixe dans les meilleures maisons des deux quartiers, comme directeurs de la conscience des dames. On voit des familles où rien ne se fait sans leur participation, et sur l'esprit desquelles ils ont pris un tel ascendant que les maris mêmes n'osent rien entre, prendre sans leur permission. La profession de ces messieurs n'est pas la moins douce, ni la moins lucrative du pays.

On compte à Péra et à Galata huit églises ou chapelles catholiques. La France en protège cinq, l'Autriche deux, et l'Espagne une seule. L'archevêque et son clergé sont pensionnés par la France. Les capucins desservent la chapelle de notre ambassadeur.

Les religieux, jouissant de la protection de France, ne peuvent marier aucun Français sans la permission de l'ambassadeur; et celui-ci n'autorise lui-même un mariage, qu'après avoir obtenu, pour les parties, l'approbation préalable du ministère.

FÊTES ET AMUSEMENS DE PÉRA.

L'AMABILITÉ, l'esprit et les grâces des dames étrangères ont toujours été le désespoir et l'objet constant de la jalousie de celles du Levant ; et si de beaux yeux et de belles formes pouvaient racheter chez elles le défaut de ces charmantes qualités de nos françaises, les dames de Péra seraient sans contredit les plus séduisantes personnes de l'univers. La douceur de la langue grecque, et la délicieuse volubilité avec laquelle elles s'énoncent suffiraient seules pour leur attirer tous les cœurs ; mais il n'est malheureusement pas donné à tous les étrangers d'apprécier d'aussi rares agrémens.

Beaucoup de voyageurs se sont plaints des petites villes de province; qu'ils aillent à Péra, et à leur retour dans leur patrie, la plus chétive bourgade leur paraîtra le plus aimable séjour du monde.

L'ambassadeur de France et l'internonce d'Autriche sont les seuls ministres qui aient conservé l'usage de donner à certains jours de la semaine, des assemblées ou cercles. Le premier reçoit le dimanche, et le second, le jeudi.

On se rend à ces assemblées vers sept heures du soir. Les dames, étendues sur des sofas, ou rangées en cercle autour de la maîtresse de la maison, sont isolées des hommes qui restent debout, et causent entr'eux. On apporte alors le thé, et l'on se met immédiatement au jeu. L'insipide boston, le triste reversi et la ruineuse bouillotte sont ici, comme presque partout, le passe-temps ordinaire de gens qui autrement ne pourraient supporter l'idée de se trouver ensemble. Si l'on ne joue pas, ou qu'on ne soit pas assuré de la conversation d'une ou deux personnes pour la soirée, on doit se préparer d'avance au plus mortel ennui. Les plus agréables de ces réunions sont celles du palais de France, quoique les personnes qu'on y voit rassemblées soient les mêmes qu'ailleurs. Mais on y est moins guindé, et plus à son aise que dans les autres palais.

L'aspect d'un cercle de Péra offre quelque chose d'original et de piquant, par le mélange et la variété des costumes et des toilettes. Presque toutes les dames sont habillées à la grecque, et surchargées de clinquant et d'ornemens de mauvais goût. Les personnes attachées aux légations sont revêtues de leurs uniformes. On y voit figurer les drogmans dans leur costume oriental; dont le *kalpak*, appelé par une dame espagnole, l'éteignoir du bon sens, n'est pas la pièce la moins essentielle. Son plus ou moins d'ampleur et a manière négligée de le poser sur l'oreille ou tout-à-fait sur le derrière de la tête, dénotent presque toujours le degré d'importance du personnage. Il est du bon ton chez quelques-uns de ces messieurs, de lâcher en marchant, à des temps marqués et avec une noble nonchalance, leurs *papoutches* ou sandales jaunes (1). On peut d'après cela

(1) La même dame espagnole disait, en parlant de cette habitude des drogmans de Péra, qu'ils couraient toujours après l'esprit, mais qu'ils n'attrapaient jamais que leurs *papoutches*.

se faire une idée de la tenue de plusieurs drogmans de Péra.

Le bourdonnement non interrompu qui résulte de la réunion de plusieurs douzaines de dames parlant toutes à-la-fois, et avec toute la rapidité dont est susceptible l'idiome grec, les airs tranchans de quelques coryphées du pays déployant toutes les ressources de leur esprit dans le même langage, au détriment des étrangers qui ne le comprennent pas, achèvent de donner à ce tableau une teinte qu'il serait difficile de retrouver sous un autre climat.

C'est dans les bals que l'étiquette se déploie à Péra, dans toute sa dignité. Frappées de la proscription qui, dans l'esprit des Levantins, s'attache à tout ce qui porte le nom de français, nos contredanses y sont dès long-temps passées de mode ; d'ailleurs elles exigeraient des grâces et une légéreté peut-être incompatibles avec la gaucherie et la nonchalance orientales. Par la raison contraire, la gigue anglaise y fait fureur, et ne cède par fois la place qu'au quadrille allemand. Nous avons déjà signalé l'anglomanie comme une des habitudes du Levantin.

On s'est quelquefois hasardé à jouer la comédie bourgeoise à Péra. Malgré les obstacles sans nombre qui naissaient des localités ; malgré l'extrême difficulté de se procurer des actrices parmi les dames franques, avec de la persévérance, on est parvenu à vaincre quelques préjugés. Le Français peut tout ce qu'il veut. La grande salle du palais de Venise s'est trouvée métamorphosée en un joli théâtre, et l'on y a joué pendant deux hivers la comédie française et le vaudeville. Tout, jusqu'à l'orchestre, était passable.

Plusieurs années auparavant on avait joué la tragédie et l'opéra-comique au palais de France. Enfin, on avait été chez un autre ministre jusqu'à l'opéra italien.

Sauf le chapitre des inconvéniens, inhérens au pays, il serait peut-être à désirer que le goût du spectacle se propageât à Péra. Sans parler de la diversion qu'il ferait à la monotonie des réunions ordinaires, il rendrait notre langue plus familière aux Levantins, introduirait sans doute plus d'aménité dans les mœurs, rapprocherait plus immédiatement les uns des autres les individus des diverses nations qui peuplent cette petite ville, et adoucirait cette morgue insupportable qui, dès maisons drogmanales, est passée dans celles de quelques simples particuliers; car nulle part on ne trouve ici cette franche cordialité, ni ces prévenances mutuelles qui font le charme de nos réunions.

Je ne dois point passer sous silence les soupers qui suivent les grands bals diplomatiques. La profusion et le faste semblent plutôt y présider que le choix et l'élégance. Aussi quelle bonne aubaine pour maint habitant de Péra ou de Galata, qu'un souper chez l'ambassadeur de France. C'est-là le marché où il s'approvisionne, lui et sa famille, pour toute la semaine. Avec quelle adresse il escamote les meilleurs morceaux qui, reçus dans une feuille de papier placée sur ses genoux, sont lestement renfermés dans sa poche. Combien nos parasites sont encore loin de la perfection de l'art ! C'est à Péra qu'ils devraient venir achever leur éducation. Ils y apprendraient plus d'un tour de gibecière..

Admis dans leur intimité, assis à leur *tendour* (1), l'heureux mortel qui possède la langue grecque, trouvera dans la conversation des dames de Péra de nouvelles ressources et de nouvelles jouissances : mais l'étranger, le Fran-

---

(1) Le *tendour* est une table carrée, recouverte de deux courte-pointes, sous laquelle on place une terrine remplie de charbons ardens. A moitié enfoncées sous les couvertures épaisses qui y concentrent la chaleur du brasier, les dames du Levant végètent ainsi tout l'hiver dans la plus douce indolence. Il faut avoir goûté soi-même toutes les jouissances du *tendour*, pour être à même de les apprécier.

çais surtout, s'il se hasarde à faire un compliment flatteur, un *oui* ou un *non*, ou bien, *ne dites pas cela*, *vous voulez vous moquer de moi* (1), voilà les seules réponses qu'il obtiendra, si toutefois encore on ne lui rit pas au nez, en lâchant quelqu'épigramme avidement saisie par toute la société. Bienheureux *Pérotes*, c'est pour vous seuls que le soleil luit à Péra! à vous seuls sont réservés les plaisirs ineffables du *tendour!*

C'est du *tendour* qu'émanent tous les propos scandaleux de la ville. On y déchire à belles dents son prochain, sans songer qu'à chaque instant on y donne prise sur soi-même. Dans l'art,

(1) Façons de parler familières aux dames de Péra et de Galata.

des caquets, les plus huppées de nos dames de province baisseraient pavillon devant les dames de cette partie du Levant.

Celui qui paraîtra deux fois en public avec la même personne sera bientôt le sujet de toutes les conversations de la ville. Le premier jour, on ne dira rien ; le second, il passera pour amoureux ; le troisième, on le dira fiancé, et il sera quelquefois tout étonné de recevoir le quatrième des complimens sur son prétendu mariage.

Les petits jeux innocens font briller dans tout leur éclat l'esprit et la pénétration de ces dames incomparables. Plus d'une femme sensible aime son amant par *A*, parce qu'il est *Riche;* plus d'une ingénue mettrait volontiers au corbillon une *tarte à la crème*, mais c'est tout ce qu'elle a de commun avec l'Agnès de Molière.

Ce portrait n'est cependant pas celui de toutes les dames de Péra et de Galata. Quelques-unes sont fort aimables, et partout on s'honorerait de leur estime et de leur amitié.

BALS PUBLICS, AUBERGES, CAFÉS, TAVERNES, MANIÈRE DE VIVRE DES HABITANS DE PÉRA.

Il faut des plaisirs pour tout le monde. On y a pourvu à Péra par des bals publics, *parés et masqués*, qui ne sont tolérés que pendant le carnaval. Ces bals ont lieu dans les auberges tenues par des *Francs*, sous la protection de quelques ambassadeurs, qui y font maintenir la police par les janissaires de leur garde. Ces précautions ont leur avantage et leurs inconvéniens : leur avantage, en ce qu'il est indispensable de réprimer les rixes fréquentes qui s'élèvent dans de pareils lieux ; rixes qu'ensanglantent quelquefois le stylet des *Zantiotes* (1), et que nulle prudence humaine ne saurait prévenir : leurs inconvéniens, en ce qu'elles rendent les Musulmans témoins des excès en tout genre auxquels se porte le *peuple pérote*, et les accoutument à s'immiscer dans les affaires des Européens.

Ces mêmes auberges sont le rendez-vous général d'une foule d'égréfins attirés par l'appât du *pharaon* et d'autres jeux de hasard, source intarissable de désordres et d'escroqueries. Un honnête homme n'oserait se mêler à de tels jeux. Il est d'usage, parmi les gens de la haute volée, de ne s'y montrer que sous le masque. En un mot, ces bals

(1) Grecs de l'île de *Zante*, dans l'Archipel ionien.

publics réunissent tous les inconvéniens qu'on rencontre dans les tripots ; sans rien rappeler de la gaîté qui règne dans nos guinguettes.

Voilà pourtant les seuls lieux qui, dans cette contrée peu hospitalière, puissent offrir momentanément un asile aux voyageurs. Tout y est d'un prix excessif, et l'on y manque souvent des choses les plus nécessaires.

Il est très-difficile ici de trouver une maison bourgeoise où l'on puisse se loger en appartement garni.

Les cafés *Francs* de Péra ne sont autre chose que des boutiques de confiseurs, dont quelques-uns font le métier de *Proxenètes*. On y débite du café, du punch, des glaces ; on y joue même au *noble jeu du billard*, mais ils ne sont guère fréquentés que par des marins ou des gens du peuple. Les habitans de

Péra préfèrent les *cafénés* (cafés turcs), tenus par des barbiers musulmans, ordinairement janissaires ou *Galioundjis* (soldats de la marine). Ces boutiques, obscurcies par l'épaisse fumée du tabac, offrent à l'étranger un nouveau champ d'observations. Le café, le *tcherbet* ou sorbet et la pipe sont les seuls objets qu'on y serve aux chalans. On y joue aux dames, on s'y fait raser ou laver la tête, enfin on y politique comme partout.

Le plus remarquable de ces cafés est celui qui se trouve dans le voisinage du *Tekké* ou couvent des *Derviches-Mewlévis*. C'est le rendez-vous général des oisifs de Péra.

Tout le monde est admis dans le *Tekké* sans distinction de religion.

Les Derviches-Mewlévis, vulgairement appelés *Tourneurs*, font consister leur dévotion à walser sur eux-mêmes, dans une chapelle circulaire entourée d'une galerie destinée aux spectateurs. Avant d'entrer en danse, ils saluent respectueusement leur *Chéïk* ou supérieur assis sur ses talons, à l'une des extrémités de la salle, et viennent se ranger en cercle, en observant le plus profond silence. A un certain signal, ils se débarrassent d'une grosse capote qui leur couvre les épaules, et se mettent à tourner, sans changer de place, aux sons du *néi*, ou flûte persane. Cet exercice dure quelquefois une demi-heure entière sans qu'ils en soient étourdis; et ce n'est qu'à un nouveau signal qu'ils s'arrêtent tous avec une précision égale à celle de soldats qui obéiraient à un commandement. Ce spectacle se renouvelle tous les mardis et vendredis de l'année, à midi.

Les *Derviches-Mevvlévis* portent un bonnet cylindrique en feutre gris, arrondi par le haut comme un œuf. La principale pièce de leur habillement est une jaquette de gros drap brun, qui, venant à s'enfler dans la rapidité de leurs mouvemens, prend une forme qui ressemble à celle d'un ballon. Il y a plusieurs autres ordres de Derviches (1).

Auprès du *Tekké*, dans un terrein voisin du palais de Suède et du café dont j'ai parlé, on voit le tombeau du fameux comte de Bonneval (2).

---

(1) Voyez, pour les différens ordres de Derviches, et pour leurs exercices, le tableau général de l'empire ottoman de M. de *Mouradgeah d'Ohsson*, tom. 2.

(2) On trouvera la description et la gravure de ce tombeau dans le même ouvrage.

Les tavernes ou cabarets grecs de Péra et de Galata sont le théâtre des plus infâmes débauches, que la police du pays semble plus ou moins autoriser, en raison des profits qu'elle en tire. Elle y tolère un genre de prostitution heureusement peu connu dans nos climats, et qui est dans le goût particulier des orientaux. Le poignard des *Galioundjis* et le stylet des *Zantiotes* y font constamment couler le sang. Ivres de vin et de luxure, ces misérables s'abandonnent aux plus hideux excès, et rendent quelquefois dangereux le passage des rues de Péra après le coucher du soleil.

Les tavernes sont aussi fréquentées par des Turcs de distinction, qui viennent s'y enivrer *incognito*. Un Grec, placé à la porte, attire les passans de toutes les nations, par les mots d'*oristé*, *bouïouroun*, qui signifient en grec et en turc, *ordonnez*, ou *donnez-vous la peine d'entrer.*

Péra abonde en boutiques et magasins où l'on trouve depuis le fil et les aiguilles jusqu'au drap, aux étoffes précieuses et aux bijoux. Elles sont pourvues des objets les plus essentiels. Mais on y est rançonné de la manière la plus indécente. Un habit du drap le plus ordinaire, s'y paie de cent cinquante à deux cents francs. Les marchands et artisans *francs* se fournissent chez les négocians, ou font venir de l'étranger des rebuts de manufactures, qu'ils font passer pour des chefs-d'œuvre. Tout ce qui porte le nom d'Anglais, bon ou mauvais, obtient une préférence décidée, par une nouvelle conséquence de l'anglomanie, qui, depuis quelques années, s'est emparée des Levantins.

Autrefois, dit-on, on vivait à très-bon compte à Péra, et toutes les denrées s'y trouvaient en profusion. La même abondance y règne encore aujourd'hui, mais tout a considérablement augmenté. Le bœuf de Constantinople, sans être aussi succulent que celui de nos pays septentrionaux est cependant passable; le mouton et le poisson sont excellens, et les fruits du sol seraient d'une qualité supérieure, s'ils étaient mieux soignés. Quant au pain, si on en excepte l'espèce connue sous le nom de *frangeole* ou pain franc, que fabriquent des boulangers européens, et qui est blanc et d'un goût agréable, il est en général lourd, mal pétri et encore plus mal cuit.

La vie qu'on mène à Péra plaira peu à l'étranger attiré par la simple curiosité. Il faut avoir des occupations suivies, dans un tel pays, pour pouvoir en supporter le séjour. Le Pérote, qui n'a rien à faire, se lève et se couche de bonne heure, et toute sa journée se passe dans l'ennui et dans l'inutilité. La pipe et les commérages remplissent tout son temps. Il va s'établir le matin dans un café turc jusqu'à l'heure de son dîner. Plus tard, il se traîne au *grand Champ des Morts* (1), où il reste jusqu'au coucher du soleil. Rentré dans sa maison, il abandonne le soin d'en faire les honneurs à sa femme, dont la nullité ne peut être comparée qu'à la sienne. Pour lui, couché sur un sofa, il s'endort paisiblement, sans que la conversation in-

---

(1) Voyez plus bas l'article des promenades.

terrompe son sommeil: et le lendemain il recommence le même train de vie, qui est celui de toute l'année.

PROMENADES ET CAMPAGNES.

Les cimetières sont la promenade ordinaire des habitans de *Péra* et de *Galata*; on les appelle *Champs des Morts*. Tout le beau monde de ces deux quartiers se réunit à celui des francs. Le rendez-vous est un *kioske*, autour duquel on s'assied pour fumer et pour prendre du café. On jouit, de ce pavillon, de la vue magnifique du Bosphore et de ses deux rives : et la ville de *Scutari*, bâtie en amphithéâtre sur la côte d'Asie, forme le fond de cet imposant tableau.

Ici, la beauté du site et l'habitude ôtent à l'aspect des cimetières, ce que partout ailleurs il offre d'attristant et de lugubre. Comme dans nos contrées, ils ne sont point entourés de murailles, ni resserrés dans un espace étroit. Au milieu d'un vaste bois de cyprès, coupé dans tous les sens par des allées irrégulières, reposent les musulmans, sous de riches tombeaux de marbre chargés d'inscriptions en lettres d'or, et surmontés de turbans dont la forme indique l'état ou la dignité du défunt.

Un bois de mûriers forme le cimetière des Arméniens. Plus modestes que celles des Turcs, leurs tombes sont recouvertes de plaques de marbre ou de pierre, sur lesquelles sont aussi gravées des inscriptions à la louange des morts et les instrumens de leur profession. On y voit souvent une mère arrosant de ses larmes la terre qui vient de lui ravir sa fille, ou bien un fils priant pour l'âme de son père. Le silencieux recueillement des chrétiens orientaux, la grave tristesse des musulmans y forment aux yeux de l'observateur un contraste singulier avec l'air d'insouciance et de gaîté dont les francs foulent aux pieds la cendre de leurs parens et de leurs amis.

Dans les fêtes du *Baïram* et les solennités de la pâque des Grecs et des Arméniens, ces tristes lieux, souvent imprégnés de miasmes pestilentiels, prennent tout-à-coup l'aspect d'une foire de village. Les jeux de toute espèce, les spectacles des lutteurs (1) et

---

(1) Ces lutteurs ou *Pehlivan* n'ont pour tout vêtement qu'un simple caleçon de cuir. Ils enduisent leur corps de graisse ou d'huile d'olive.

des gladiateurs (1) se succèdent sans interruption ; les pierres funéraires sont converties en tables chargées de viandes et de vins, et l'on s'enivre joyeusement sur la poussière des morts. La scène est animée par une multitude de marchands qui vendent des comestibles et des rafraîchissemens ; et le bâton des gardes turques n'y joue pas le moindre rôle. Toujours habiles à saisir l'occasion de rançonner les Grecs et les Arméniens, les *Bostandjis*, chargés de la police du Champ des Morts

(1) Les gladiateurs sont armés de sabres et de boucliers. Leurs combats ne sont qu'une suite continuelle de ridicules contorsions qui ne ressemblent à rien. Tous les coups qu'ils s'allongent, tombent à plein sur leurs boucliers.

se placent par petits détachemens dans toute la longueur de la rue de Péra, et exigent une certaine rétribution de tous les passans de ces deux nations, qui ne croient pas acheter trop cher une journée de plaisir.

Pour arriver au grand Champ des Morts, on passe devant les deux hôpitaux réservés aux pestiférés. Le premier appartient à la France; le second est la propriété commune des autres nations européennes. Dans l'un et l'autre de ces établissemens on recueille les infortunés frappés de la contagion. Abandonnés de leurs familles et de leurs amis, ils succomberaient souvent à leur désespoir, sans les secours généreux que leur prodigue dans ce lieu de douleur un vieux prêtre arménien, connu à Péra sous le nom vulgaire d'*abbé de la peste.*

A peu de distance de ces deux hôpitaux, se trouve un asile du même genre, qui appartient aux Grecs, et qui est contigu à leur cimetière.

Toute cette extrémité du faubourg de Péra, voisine d'une fontaine ou réservoir qu'on appelle le *Taxim*, est couverte d'une multitude de *Cafénés*, qui s'étendent jusqu'aux cimetières des musulmans. C'est-là que les Pérotes vont faire ce qu'ils appellent leur *kéïf*, c'est-à-dire, fumer, prendre du café, et jouir du bonheur que peut procurer la plus profonde oisiveté.

On remarque au grand Champ des Morts de vastes et belles casernes pour l'infanterie et la cavalerie. Elles furent bâties, il y a peu d'années, par le Sultan Sélim III, pour le *Nizami-djédid* nouvelles troupes organisées à l'européenne, de la création de ce malheureux prince. Elles peuvent contenir deux mille hommes d'infanterie et cinq cents chevaux, et sont occupées aujourd'hui par les *Toptchis* ou Cannoniers. Derrière cet édifice, qui est tout en pierres, on voit une petite mosquée d'un goût assez élégant. L'intention du Sultan Sélim était, dit-on, de faire niveler tout le terrain du grand Champ des Morts, et combler le vallon qui le sépare de *Saint-Dimitri*, pour consacrer ce lieu aux exercices militaires. Sa mort a interrompu ces grands travaux qui étaient déjà commencés.

La maisonnette, autre *taxim* ou réservoir, à quelque distance du cimetière des Arméniens, sur la grande route de *Buïukdéré* et de *Belgrade*, borne ordinairement de ce côté la promenade des Francs. Il serait dangereux de s'aventurer plus loin.

Le village de *Saint-Dimitri* termine l'horizon vers la gauche. Ce village, peuplé de Grecs, est environné de vignes qui abreuvent les cabarets de Péra. *Saint-Dimitri* domine sur un vallon rempli de jardins fruitiers.

A une petite lieue de distance, se trouvent le village et la prairie de *Kiaghad-Khané*, nommés par les Européens *les eaux douces*, du nom moderne de la petite rivière de *Cydaries*, qui vient décharger dans le port de Constantinople ses eaux jaunes et limoneuses. C'est un endroit charmant. On y voit une manufacture de papier, et l'on s'y régale de *yogourth* (lait aigre), et de *kaïmak*, espèce de crême dont les Levantins sont très-gourmands.

Kiaghad-Khané est souvent le rendez vous du beau monde de Péra. On y vient faire des parties de plaisir, chasser et dîner sur l'herbe, au bord des eaux douces ombragées de beaux arbres.

Dolma-Baktché est une autre promenade au bord de la mer, moins éloignée de la ville, et dans les environs du palais de *Béchik-Tach*, résidence d'été du Grand-Seigneur. C'est un vallon de six cents pas de longueur sur quatre cents de largeur. De beaux cyprès, un *kioske* qui appartient au Sultan, et un café tenu par les *Bostandjis*, en sont les seuls ornemens. Dans la belle saison, lorsque le monarque habite *Béchik-Tach*, on va voir tous les matins, à *Dolma-Baktché*, l'exercice du djérid (1),

---

(1) Le *djérid* est un bâton façonné en forme de javelot, sans fer. L'adresse consiste à le lancer, en courant au galop, et à parer ou éviter les coups de son adversaire.

exécuté par les eunuques noirs ; exercice dangereux et pour les acteurs et même pour les spectateurs que la curiosité porterait à trop s'en approcher. Des jardins fruitiers, abondans en figues et en fruits de toute espèce, environnent ce lieu du côté de la mer et du côté de la terre. Ces derniers se prolongent jusqu'au fond d'un ravin, où les eunuques noirs s'amusent au tir.

Baloukli, à l'extrémité du faubourg d'*Eïup*, non loin du château impérial des sept tours, attire les étrangers par la singularité du spectacle qu'on offre à leurs regards. Des papas y font voir plusieurs poissons qui, pendant la prise de Constantinople par les Turcs, s'échappèrent de la fatale poèle, et vinrent chercher un asile dans un bassin autour duquel on a construit une petite chapelle. Quoiqu'à moitié frits depuis plus de quatre cents ans, ces poissons sont toujours vivans, et les fidèles qui viennent admirer ce prodige ne sortent jamais sans laisser dans le bassin quelque pièce de monnaie. *Baloukli* est une mine d'or et de diamans pour les papas. Les Grecs (1) y vont en péleri-

---

(1) Je pourrais citer encore mille exemples de la superstitieuse crédulité des Grecs. Je me bornerai à raconter le fait suivant, dont il n'a tenu qu'à moi d'être témoin.

Une jeune fille grecque, de la Canée, souffrait depuis quelque temps d'une fièvre intermittente. Aucun des remèdes ordinaires n'avait pu en arrêter le cours. On fait venir un papas, qui, après les cérémonies d'usage, prend une plume et trace, au milieu d'une assiette, un certain nombre de paroles. Il ordonne ensuite à la mère de verser de l'eau par-dessus son grimoire, de délayer le tout et de le faire boire à la jeune personne.

nage, lorsqu'ils veulent obtenir le succès de quelque entreprise, ou la guérison de quelque maladie.

Les catholiques et les Arméniens vont, de leur côté, visiter près du même lieu, le tombeau d'un martyr appelé *Comidas*, et dont les descendans existent encore à Péra.

Les rives du Bosphore offrent un champ plus vaste au crayon du dessinateur. L'Europe et l'Asie, séparées par ce beau canal, rivalisent entre elles pour la richesse du coup d'œil. Une suite non interrompue de villages, de jardins, de châteaux de bois peints, qu'on prendrait au premier abord pour des palais de fées, semblent annoncer l'entrée de la capitale du monde. On

---

L'ordonnance fut exécutée de point en point, mais le moment de la guérison n'était pas encore arrivé.

peut traverser d'Europe en Asie dans l'espace de dix minutes. *Scutari* et ses environs sont ce qui frappe le plus agréablement la vue sur cette dernière côte. Dans les nouveaux quartiers de cette ville, bâtis par le Sultan Sélim, des rues bien pavées, larges et tirées au cordeau, une mosquée magnifique, tout rappelle les grandes vues du monarque auquel ils doivent leur existence. Mais les belles casernes du *Nizami-Djédid* n'ont point échappé à la barbarie de ses ennemis : elles ont été réduites en cendres par les janissaires, pendant la révolution qui précipita du trône cet excellent prince.

Yougourlou domine la ville de *Scutari*. Du sommet de cette montagne, on plane sur la capitale, sur une partie de la mer de Marmara et du Bosphore. Ce lieu serait peut-être le plus avantageux, pour l'artiste qui voudrait lever le *Panorama* de Constantinople.

Ceux qui n'aiment pas les longues promenades vont au *Petit Champ des Morts*, cimetière turc, qui se trouve dans l'intérieur même de Péra. On découvre de celui-ci une partie de la ville, le bassin et l'arsenal de la marine. Sans cette perspective, rien ne pourrait faire supporter une pareille promenade, qui se réduit à deux sentiers étroits et raboteux, auxquels on pourrait appliquer ce vers de Chapelain :

Droite et roide est la pente et le sentier étroit.

Pendant la belle saison, les Francs vont jouir des plaisirs de la campagne dans les beaux villages qni avoisinent Constantinople. *Buiukdéré*, à quatre lieues de la ville, sur la côte d'Europe du Bosphore, est en été le séjour ordinaire des ambassadeurs, des drogmans et des grands de Péra. Ce n'est point là que doit se fixer celui qui vient chercher à la campagne la liberté et l'indépendance. L'étiquette pérote est à *Buiukdéré* aussi rigoureuse au moins qu'à la ville. Les promenades de la prairie et du quai sont le rendez-vous de la noblesse, et il est d'usage de n'y paraître qu'en très-grande toilette. Les cercles et les assemblées y sont aussi suivis qu'à Péra, et la roideur y est la même.

La prairie de *Buïukdéré* est un endroit délicieux. On y admire une salle circulaire de vieux platanes, confidens de tous les amans du pays, et dont l'écorce est couverte de chiffres amoureux. Le vallon se prolonge jusqu'à la forêt de *Belgrade*, village peuplé de bulgares : des eaux stagnantes rendent ce séjour fiévreux et mal sain pendant les grandes chaleurs.

Thérapia, autre bourg peu distant de *Buïukdéré*, est plus souvent habité par l'ambassadeur de France. Sa position, en face de l'embouchure du canal de la mer noire, est préférable à celle du précédent. Presque tous les Grecs du *Fanal* y possèdent de belles maisons de campagne.

Vis-à-vis *Thérapia*, sur la côte d'Asie, les amateurs de beaux sites vont voir l'échelle du Grand-Seigneur (*Hounkiar Iskélési*), vallée admirable, où l'on remarque une manufacture de papier, créée par le Sultan Sélim III. Ce lieu offre beaucoup de charmes aux Français : il leur rappelle les jolis bois de Saint-Cloud.

A peu de distance de cette vallée, se trouve la montagne dite du *Géant*, où les musulmans vont visiter le tombeau d'un derviche qu'ils disent avoir été d'une taille plus qu'humaine.

Ceux des Européens qui préfèrent la liberté au grand monde et à la gêne, vont s'établir aux îles des princes, dont les sites, sans être aussi riches, sont plus pittoresques, et où l'on peut sans contrainte se livrer aux plaisirs de la chasse, de la pêche et de la promenade. Ces îles, éloignées d'environ cinq lieues de Constantinople, à l'entrée du golfe d'*Ismith* (Nicomédie), ne sont peuplées que de cultivateurs grecs et de *Kaloyers*, ou religieux de cette nation, qui y possèdent plusieurs beaux couvens.

FLÉAUX, PESTE, INCENDIES, ETC., ETC., CONCLUSION.

Je terminerai cette notice par la récapitulation de tous les fléaux qui menacent à Péra les jours des Européens.

Je mettrai en première ligne la peste, cette épouvantable maladie, dont on a tant parlé et qu'on connaît encore si peu. Depuis l'année 1812, elle n'a cessé d'exercer ses ravages dans presque toutes les provinces de la Turquie, et les nouvelles les plus récentes nous apprennent qu'elle moissonne encore aujourd'hui par centaines les habitans de Constantinople.

2° Les révoltes des janissaires, les

désordres de tout genre occasionés par les *Galioundjis* et autres brigands.

Jusqu'à ce jour, les premières ont causé plus de peur que de mal aux francs de Péra. Dans le cours des révolutions, dont le résultat fut la mort violente de deux Sultans et celle du grand-visir *Moustapha-Baïraktar*, les janissaires voulurent bien s'en tenir à des menaces, lorsqu'ils traversèrent le faubourg de Péra. Ils revenaient d'incendier les casernes de *Lévend-Tchiflit* (1), et se rendaient en toute hâte

(1) Les casernes de *Lévend-Tchiflit* sont éloignées d'environ une lieue de Péra. Elles étaient occupées, sous le règne du Sultan Sélim, par des troupes du *Nizami-Djédid*. Échappées à la fureur des janissaires, pendant la première révolution, elles furent réduites en cendres par les rebelles, au mois

à *Scutari*, pour y signaler leur bravoure par de nouveaux exploits ; leur présence à Péra, qui causa d'abord de vives inquiétudes, n'eut cependant aucune suite fâcheuse. Ils étaient trop pressés ce jour là, ou le prétexte leur manquait pour laisser des traces de leur passage.

Les seconds se renouvellent journellement à Péra. J'ai dit que les *Galioundjis* étaient les soldats de la marine ; il serait, je crois, difficile d'en trouver un seul qui ne fût souillé d'un ou plusieurs assassinats. Le penchant qui les attire vers les tavernes de Péra et le voisinage de leurs casernes, sont un des plus grands fléaux qui puissent affliger ce faubourg. Quelquefois on les voit dans

---

de novembre 1808, immédiatement après la mort du grand-visir *Moustapha-Baïraktar*.

leur ivresse, le sabre d'une main et le pistolet de l'autre, barrer le chemin aux passans. Les gens du pays les apaisent en leur jetant de l'argent; les *Francs* jugent plus prudent de se renfermer chez eux.

3o Les incendies. Il se passe peu de semaines, surtout en hiver, où l'on n'en voie des exemples à Constantinople. Le feu est souvent mis à dessein par les janissaires : c'est leur manière de témoigner leur mécontentement. A l'aide de mèches soufrées, qu'ils savent adroitement lancer sur les toits, ils parviennent, en un clin d'œil, à embraser des quartiers entiers. Voici comment se fait alors la police :

Des gardes veillent jour et nuit à Constantinople sur la tour des janissaires et sur celle de Galata; les *Bektchis* ou *Passevands* ne doivent pas s'en écarter. La garde est tellement accoutumée à reconnaître le quartier où se manifeste le feu, qu'il est rare qu'elle se trompe sur le lieu de l'incendie. A la première apparition des flammes, elle en donne avis aux *Passevands*, en battant à coups redoublés sur de gros tambours placés dans la partie supérieure des tours ; et ces crieurs publics, armés d'un long bâton ferré dont ils frappent le pavé, se répandent alors dans la ville, en criant *yanguin var* (*il y a du feu à tel endroit*), pour avertir les habitans de veiller à leurs propriétés. D'autres *Passevands* sont chargés de frapper à la porte du palais des grands qui doivent, au premier cri, se rendre au lieu de l'incendie, les inférieurs avant les supérieurs; et ceux qui se trouvent en retard sont sujets à des amendes considérables; le Grand-Seigneur lui-même se fait souvent un devoir de s'y transporter en personne. Les pompes, portées à bras par les pompiers, arrivent de tous les quartiers de la ville et des villages du canal de la mer noire; c'est dans ce moment que les janissaires, répandus autour des maisons incendiées, se disputent avec les pompiers à qui commettera le plus de désordre; mais ces brigandages, lorsqu'ils sont découverts par le Grand-Seigneur ou quelqu'un de ses ministres, sont immédiatement punis avec une rigueur qui devrait en imposer aux pillards. Les coupables pris en flagrant délit sont jetés au milieu des flammes.

On a remarqué que pendant le *Ramazân* (1), les incendies étaient plus fréquens que dans les autres mois.

---

(1) Le ramazân est le neuvième des mois

Parmi les incendies les plus remarquables qu'on ait vus à Constantinople

---

ou *lunes* arabes. On sait que, pendant tout le ramazân, les Musulmans jeûnent depuis le lever jusqu'au coucher du soleil.

Voici les noms de ces douze mois lunaires :

1. Mouharrèm.
2. Safèr.
3. Rébiul-Ewel.
4. Rébiul-Aqir.
5. Djémaziul-Ewel.
6. Djémaziul-Aqir.
7. Rédjed.
8. Chabân.
9. Ramazân { Appelé par les musulmans *Ramazâni-Chérif*, le noble ramazân.
10. Chewal.
11. Zilkaddé.
12. Zilhidjé.

Jours de la semaine.

1. Dimanche, Bazar-Guni.
2. Lundi, Bazar-Irtési.
3. Mardi, Salih-Guni.
4. Mercredi, Tcharchembé.
5. Jeudi, Perchembé.
6. Vendredi, Djumah-Guni.
7. Samedi, Djumah-Irtési.

depuis quelques années, je citerai ceux de Galata, du 29 novembre 1806 et du 29 juin 1807. Le premier commença à six heures du soir, dans le magasin de bois d'un bain turc, et réduisit en cendres tout le quartier des Juifs. Après avoir pillé le peu de meubles et d'effets qui étaient échappés aux flammes, le feu ayant gagné des maisons turques, les pompiers abandonnèrent les Juifs pour ne plus s'occuper que des Musulmans. La présence du grand-visir, du capitan-pacha et de tous les grands de la Porte ne put empêcher la destruction complète de plusieurs mosquées, et du palais du *Mollah*, ou grand-juge de Galata. Le plomb fondu coulait par torrens du sommet des coupoles; et le quartier franc se trouva un moment menacé. Au milieu des ravages de l'incendie, la chaleur s'étant communiquée à des barils de poudre renfermés dans un magasin, l'explosion fit sauter en l'air plusieurs maisons de pierre qui écrasèrent sous leurs ruines une foule de janissaires et de pompiers. Quatre-vingt-quinze malades périrent dans un hôpital grec, sans qu'on pût leur porter aucun secours.

On a évalué, dans le temps, à cinquante millions de piastres les pertes que fit éprouver ce désastre aux différens habitans de Galata (1).

Dans le second incendie, les pompiers turcs et les janissaires menacè-

(1) Les gens du pays assuraient quelques jours après, que l'incendie avait détruit deux mille cinq cents maisons, et quatre mille boutiques. Le seul couvent des lazaristes français a éprouvé un dommage de plus de cinquante mille piastres.

rent un négociant français de mettre le feu à sa maison, s'il ne leur comptait à l'instant une somme considérable; et le *Vaiovode*, ou chef de la police, fut obligé, dit-on, d'incendier lui-même la sienne, pour apaiser les brigands qui lui faisaient un crime de quelques mesures de précaution, et voulaient le massacrer (1).

J'ai parlé plus haut des deux incendies de Péra, en 1810 et en 1811. Mais le plus effrayant de tous est celui des quartiers voisins du sérail, pendant

(1) On a porté à trois mille le nombre des maisons brûlées dans cet incendie. Quelques-unes étaient nouvellement rebâties. Les négocians européens furent obligés de faire des sacrifices très-considérables pour mettre leurs propriétés à l'abri de la rapacité des janissaires et des pompiers.

la révolution de 1809. Il dura trois jours et trois nuits. Les janissaires révoltés en furent les auteurs.

Tel est le tableau des plaisirs et des dangers réservés à quiconque sera curieux de visiter Péra. J'aurais encore bien des vérités à dire sur les uns et sur les autres; mais je craindrais qu'elles fussent de peu d'intérêt pour le plus grand nombre des lecteurs. Je laisse aux Européens que le sort a jetés ou jettera dans cette contrée, le soin de décider si j'ai mérité le reproche d'exagération.

FIN DE LA NOTICE SUR PÉRA.

DESCRIPTION

DE

LA MARCHE DU SULTAN,

DANS LES SOLENNITÉS

DES DEUX BAÏRAMS.

AVERTISSEMENT.

L'ÉDITEUR de cet ouvrage ayant désiré l'enrichir de la gravure qui représente la marche du Sultan dans les fêtes des deux *Bairams*, il a paru nécessaire d'en donner ici l'explication : c'est le seul motif qui m'ait autorisé à parler de cette cérémonie, après un si grand nombre de voyageurs. Quoique ayant vu par moi-même, j'ai cru devoir m'appuyer de deux autorités incontestables, celle du savant *Mouradgeah-d'Ohsson* et de *Vasif-Efendi*, le meilleur historien turc moderne. On trouvera en notes plusieurs passages entiers de ces deux auteurs, qui pourront jeter des éclaircissemens sur la solennité des *Bairams* et sur celle du *Taklidi-Seif* (ou couronronnement du Grand-Seigneur). Je dois la traduction des deux extraits de *Vasif-Efendi* à l'amitié de M. X. Bianchi, adjoint aux secrétaires-interprètes du Roi.

Le dessin original de la gravure est de M. Melling, dont on a souvent admiré les ouvrages au salon ; il a été réduit au format in-18, et séparé en deux parties, vu ses trop grandes dimensions. Le cortége qu'il représente est aussi complet qu'il est possible de le rendre dans les bornes étroites d'un dessin ; tous les costumes sont remarquables par leur exactitude.

J'indiquerai dans le cours de cette description, les personnages qui n'ont pu trouver place dans le cortége.

DESCRIPTION

DE

LA MARCHE DU SULTAN,

dans les solennités des deux *Baïrams*.

Explication de la Gravure.

Le Grand-Seigneur est représenté au moment où il se rend à la mosquée, accompagné des grands de l'Empire, dans la matinée de l'un ou l'autre *Baïram*.

Ce cortége est beaucoup plus nombreux que celui qui environne le Sultan tous les vendredis de l'année, jours où il est d'obligation pour lui de se montrer en public, mais seulement escorté des officiers de sa maison (1).

---

(1) Voyez les notes à la fin de ce volume.

L'*Alaï* que nous allons décrire, part du sérail à la pointe du jour (2), pour aller à la mosquée impériale du *Sultan Achmet*, sur la place de l'Hippodrôme, appelée par les Turcs *Atmeïdan* (*Voyez la première partie de la gravure*).

La marche est ouverte par le grand-amiral (le capitan-pacha), à cheval, avec son turban de cérémonie; il est revêtu d'une pelisse de satin vert, qui est d'étiquette dans cette circonstance. On voit devant lui ses *Tchaouchs* (espèce d'officiers de son état-major), à pied, qui portent le costume barbaresque, et sont armés de longs poignards appelés *Iatagans* et de pistolets à leur ceinture. Le *Capitan-Pacha* est entouré et suivi de ses *Tchohadars* ou valets de pied.

Entre le cortége de ce grand-officier et celui qui vient après, on remarque un janissaire dans son habit de cérémonie, et qui tourne le dos au spectateur.

Le Grand-Visir (*Sadr-Azem*) suit immédiatement : il est à cheval, et porte le même turban que le *Capitan-Pacha*; sa pelisse est de satin blanc.

Les personnages que l'on voit à sa gauche, avec le sabre au côté et des ceintures de cuivre doré, sont ses *Tchaouchs* (ou officiers); ceux qui le suivent, sont ses *Tchohadars*.

Ces deux grands dignitaires devraient être précédés du *Réis-Efendi* (ministre des affaires étrangères) et des autres ministres du Grand-Seigneur, et suivis du *Janissaire-Aga*.

Un cheval de main, couvert d'une housse richement brodée et d'un bouclier de parade, précède le cortége particulier du Sultan. Ce cheval est tenu en laisse par un *Hasséki* du sérail. (Il devrait y en avoir plusieurs.)

De l'autre côté de la rue, on aperçoit deux des janissaires qui forment la haie. Ces soldats ne sont armés que d'un long bâton.

Après le cheval de main, vient le *Buïuk-Imbrohor* ou *Bruïuk-Mirahor* (grand-ecuyer du Sultan, à cheval, entouré de ses *Tchohadars*).

Dans la seconde partie de la gravure, on voit le Grand-Seigneur, dont le cheval se trouve caché par la foule qui l'environne.

Il est escorté des deux côtés par les *Péïks* (espèce de gardes-du-corps), qui portent un casque de cuivre doré, surmonté d'un panache noir, et sont armés d'une hallebarde. (Ils devraient aussi avoir le sabre au côté.)

Entre chaque *Peïk*, se trouve un

Baltadji (porte-hache) du sérail, en habit rouge, avec un collet pendant de soie bleue. Ces porte-hache ont le sabre au côté et la canne à la main; leur bonnet est en feutre et présente la forme d'un cône.

Le second rang, en se rapprochant de la personne du Sultan, est formé par les *Capidjis-Bachis* (3), dont les casques de feutre, surmontés de panaches de la plus grande dimension, dérobent presque entièrement la vüe du monarque aux regards du peuple.

Les personnages les plus près du Sultan, sont les diverses espèces de pages appelés *Itch-Oglans*.

Derrière le Grand-Seigneur qui porte une pelisse de couleur jaune enrichie de diamans, immédiatement après le dernier Peïk et le dernier *Baltadji*, on voit le *Sélikdar-Aga*, porte-épée du Sultan, à cheval. (Il devrait être suivi du *Tulbend-dar-Aga*, officier qui porte le turban de parade du prince et du *Rekiab-dar-Aga*, autre officier chargé du tabouret brodé qui lui sert à monter à cheval.)

Après le *Sélikdar-Aga*, vient le *Haznadar-Aga* (second eunuque noir), qui est le trésorier du sérail, et qui jette de l'argent au peuple.

Enfin, derrière celui-ci, le *Kislar-Agasi* (chef des eunuques noirs).

Des *Hassékis* du sérail marchent à la droite et à la gauche de ces trois officiers.

Les quatre derniers janissaires, qu'on voit sur le premier plan, font partie de la haie qui doit régner dans toute la longueur des rues que parcourt le cortége. Ils rendent au Grand-Seigneur les honneurs militaires qui consistent chez eux à se courber et à incliner la tête sur l'épaule gauche.

Nota. On peut consulter, pour le détail des costumes de tous ces différens personnages et pour leurs attributions respectives, les *mœurs, usages et costumes des Ottomans*, par M. A.-L. Castellan, auteur des *Lettres sur la Morée et sur Constantinople.*

FIN.

NOTES.

(1) « Les Sultans y vont (à la mosquée) » avec un cortége éclatant, quoique composé des seuls officiers du sérail et de la » maison impériale. Nul ministre, nul homme » de loi, nul officier public n'est tenu ce jour » là (le vendredi) de les accompagner. » (*Tableau général de l'Empire ottoman*, de *Mouradgeah-d'Ohsson*, tome I, page 205, de l'édition in-folio.)

(2) « La cérémonie des deux *Baïrams* se » fait toujours avec le plus pompeux appareil. » A ces époques, le monarque reçoit les hom» mages des différens ordres de l'État. Cette » cérémonie, appelée *Muäyédé*, a lieu au sé» rail vers le lever du soleil (*a*); et immédia-

---

(*a*) « Dans la nuit qui précède la fête solennelle du » *Baïram*, le *grand-visir*, les *Oulémas*, tous les grands » de l'Empire, les chefs de janissaires et les autres » autorités, se rendent en cortége, et par ordre, au » palais du Grand-Seigneur, où ils attendent quelque » temps. A la pointe du jour, le Sultan, monté sur son » trône de gloire, les admet successivement, et dans » l'ordre de leurs dignités, à baiser l'extrémité de sa

» tement après, le Sultan se rend à la mos-
» quée, avec un cortége encore plus brillant
» que celui des vendredis. Il est alors accom-
» pagné de ses ministres et de tous les grands
» de l'Empire; mais de tous les gens de loi,
» le *Mouphty* (*b*), les deux *Caziaskers*, l'*Is-*
» *tambol-Efendissy* et le *Nakibal-Echraf* (le
» chef des émirs), sont les seuls qui soient
» obligés d'être de sa suite; le reste des *Ou-*
» *lémas* n'accompagne la marche publique
» du souverain, que le jour de la solennité
» du sabre (*c*), qui tient lieu de sacre et de

» manche. Le Grand-Seigneur, précédé de tous ces » officiers, se rend ensuite à la mosquée. » (*Annales de l'Empire ottoman, de Vasif-Efendi*, tome I, page 16, traduction de M. X. *Bianchi*, adjoint aux secrétaires-interprètes du Roi.)

(*b*) Le *Mouphty* part d'avance, dans une voiture couverte appelée *Kotchi*. (*Note de l'Auteur.*)

(*c*) « D'après l'usage consacré par le temps et par la » pratique des Sultans, qui virent toujours, dans cette » auguste cérémonie, une occasion d'accroître leur » gloire et leur noblesse, le septième jour de la lune » de *Rébiul-Ewel* de l'année 1108 (de l'Hégire), le » cérémonial ayant été réglé, le grand-visir, le capi-

» couronnement, et lors de la consécration
» d'une nouvelle mosquée impériale. Quand

» tan-pacha, les *Oulémas*, les *Mollas*, les membres
» du divan, les *Muddéris* et les chefs de janissaires,
» tous dans leur costume de cérémonie, se rendirent
» au sérail. Déjà le *Mouphty* les avait précédés au tom-
» beau du saint d'*Eiup*, où il devait attendre le sultan.
» Sa Hautesse, informée que tout était prêt, monta
» sur le champ un cheval richement caparaçonné, et
» aussi léger dans ses mouvemens que le vent du ma-
» tin. Elle vit défiler avec majesté devant elle, et dans
» l'ordre prescrit, toutes les personnes du cortége;
» elle-même se mit en mouvement, et l'on ne tarda
» pas à arriver à la mosquée de feu Sultan Mahomet II,
» surnommé *Aboulfeth* (le père de la victoire). Le
» Sultan, dans l'intention d'attirer sur lui la grâce et
» la béatitude célestes, mit pied à terre, et alla visiter
» le tombeau de son auguste aïeul. En contemplant les
» lignes que Mahomet II traça de sa main, *Il n'y a
» point, s'écria-t-il, de pélerinage plus noble que ce-
» lui-ci!* Il ordonna ensuite, pour le repos de son âme,
» la lecture d'un dixième du Coran, remonta à cheval
» et se rendit au tombeau du saint d'*Eiup*. A son ar-
» rivée, le *Nakib-ul-Echraf* (le chef des émirs) en-
» tonna la prière d'usage pour la durée et la prospé-
» rité du règne du Sultan. Lorsqu'elle fut achevée,
» on procéda de suite à la cérémonie du couronnement.
» Cette dernière terminée, le Grand-Seigneur permit
» au cortége de se retirer, s'embarqua dans sa gondole

» l'une ou l'autre fête de *Baïram* se rencontre
» un vendredi, le Sultan se rend ce jour là
» deux fois à la mosquée ; le matin avec
» toute sa cour, pour l'oraison paschale ; et
» à midi, avec son cortége ordinaire, pour
» le *Nâmaz* public des vendredis.

» Ces deux *Baïrams*, étant les seules fêtes
» religieuses de la nation, sont conséquemment les seules époques où il soit permis
» dans toutes les villes mahométanes de fermer boutiques, magasins et marchés publics. Tout commerce, tout trafic, tout
» travail manuel est interdit dans ces sept
» jours de l'année. Il n'est point d'individu,
» quel que soit son état et sa condition, qui
» n'ait, dans ces deux *Baïrams*, un habit
» neuf. Les parens et les amis se font mutuellement visite, pour se souhaiter la
» bonne fête ; et c'est presque la seule occasion où il soit d'un usage général de se

---

» et retourna par mer au sérail. » (*Annales de l'Empire ottoman*, précitées, tome I, page 43, cérémonie du *Taklidi-Sief*, *action de ceindre le sabre*, qui tient lieu de couronnement.)

» toucher la main, de s'embrasser et de se » témoigner réciproquement les sentimens les » plus affectueux. Les enfans baisent la main » de leurs pères, de leurs aïeux, de leurs » parens. Les jeunes gens en font de même » à l'égard des personnes âgées. Mais les su» balternes ne baisent jamais que le bord de » l'habit de leurs chefs, des officiers supé» rieurs, des principaux personnages de » l'Etat. On ne voit jamais dans le peuple, » moins encore parmi les personnes de mar» que, ces démonstrations de joie, ces signes » de gaîté, qui éclatent chez les autres na» tions, en différentes époques de l'année. » Les mahométans ne connaissent ni la danse, » ni la musique, ni aucun jeu quelconque (*d*): » tous ces amusemens sont proscrits par la » législation religieuse. Il n'y a rien de bru» yant, rien de mondain dans la célébration

---

(*d*) Les Mahométans connaissent la musique et la danse; mais ces deux arts, aussi peu avancés chez eux que la civilisation, sont abandonnés aux esclaves et à des musiciens et danseurs de profession. (*Note de l'Au*-.)

» de ces fêtes. Toute la récréation du peuple
» consiste à se promener tranquillement, tou-
» jours à pas graves, dans la ville et dans les
» environs. Parens et amis, tous se rassemblent
» et vont par bandes de huit, dix ou quinze
» personnes, visiter leurs connaissances :
» s'arrêtant quelques momens, soit dans les
» places, soit dans les promenades publiques,
» pour fumer, prendre le café et causer avec
» le plus grand flegme des affaires du temps
» et des événemens du jour. Tel doit être
» l'effet des mœurs simples et austères et du
» caractère sérieux de ce peuple privé de la
» fréquentation entre les deux sexes, chez
» lequel les femmes ne paraissent que rare-
» ment en public, et toujours voilées, sans
» aucune idée des spectacles, des divertisse-
» mens publics, et où enfin l'usage du vin,
» proscrit par la loi (e), est interdit plus rigou-

(e) Quoique rigoureusement proscrit par la loi, l'usage du vin est devenu, depuis quelques années, presque général parmi les Musulmans. Je me trouvais

« reusement encore dans ces jours de fête. « La veille de chaque *Baïram*, la police a « soin de mettre le scellé sur les portes de « tous les cabarets, qui n'existent même que « dans les faubourgs habités par les chré« tiens. Cette précaution est une des lois les « plus sévères, qui se renouvelle chaque « année dans toute l'étendue de l'Empire. « C'est ainsi que les fêtes musulmanes, célé« brées dans le calme et dans le silence, pré-

---

un jour de *Baïram* avec deux de mes amis chez un officier du sérail, qui nous avait invités à venir voir passer le cortége du Grand-Seigneur; et nous pûmes nous convaincre par nous-mêmes que, malgré la solennité du jour, ils ne se firent aucun scrupule de s'abandonner à leur penchant irrésistible pour le fruit défendu.

Quant aux divertissemens, je n'en conteste pas l'interdiction; mais il est certain que les Turcs s'en permettent publiquement plusieurs pendant le *Baïram*, tels, par exemple, que les combats des gladiateurs et des lutteurs dont j'ai parlé dans la Notice sur Péra, les *Kara-Geuz* ou ombres chinoises, etc., etc. (*Note de l'Auteur.*)

» sente un tableau bien différent de celui des » grandes villes de l'Europe, aux solennités » du christianisme. » (*Ibidem, ibidem*, pages 213 et 214.)

(3) Quelques voyageurs ont comparé les *Capidjis-Bachis* aux chambellans des princes de l'Europe. Le Grand-Seigneur les charge souvent de porter ses ordres secrets dans les différentes provinces de l'Empire, et de signifier aux pachas qui ont encouru sa disgrâce le *Khatti-Chérif*, lettre impériale qui les rappelle ou les destitue. Cette dernière mission est devenue, depuis quelques années, très-périlleuse pour eux, par l'état de révolte ouverte où se trouvent plusieurs de ces pachas. Les *Capidjis-Bachis* accompagnent aussi les ambassadeurs étrangers qui voyagent par terre dans l'Empire ottoman. *(Note de l'Auteur.)*

FIN.

TABLE

DES ARTICLES

CONTENUS

DANS LE SECOND VOLUME.

FIN DE LA TABL

www.ingramcontent.com/pod-product-compliance
Ingram Content Group UK Ltd.
Pitfield, Milton Keynes, MK11 3LW, UK
UKHW020255250726
13967UKWH00004B/1702

9 782013 4016